不乖勝出

創造自己的遊戲規則
贏得職場成功機會

｜洪雪珍 著｜

〈自序〉

不乖，讓你贏得成功與快樂

我在職場多年，一直有一個觀察，讓我深深不忍，那就是乖乖牌的獲得少於他們的付出；相反的，不乖的人獲得的比他們多，而且多很多。

「好人有好報，壞人有壞報」是一個普世認知的價值，公平與正義是眾人追尋的最高理想。事實上，在校園或家裡，它們都是管用的，為什麼獨獨到了職場，這個道理竟然失靈？乖乖牌不只是未獲得應有的成功，也沒有得到應有的尊重，更沒有心中盼望的快樂，常常感到不公平與受委屈，變成職場裡怨念最深的人。

你應該早一點改變

當有些人還在安分守己、循規蹈矩，按照公司規定、聽從主管交代，做一個乖乖的上班族，以為這樣就可以獲得加薪與升遷，我都有一股衝動想告訴他們：

「做你自己，做一個不乖的人，你會更成功與快樂。」

有一對姊妹，姊姊九歲，妹妹六歲。媽媽買了四塊蛋糕，姊姊學英文還未回家，媽媽交代妹妹一人一半，於是妹妹先吃掉兩塊。姊姊回家後，妹妹告訴姊姊：

「媽媽說，我們一人一半。」

姊姊取走一塊，妹妹也吃掉一塊，兩個人開開心心吃完之後，手牽手去玩家家酒。媽媽在旁邊看傻了眼，覺得姊姊放學後還要學這學那，認眞用功，是一個乖孩子，妹妹竟然欺負姊姊，實在是太不乖了，一定要好好教訓。結果事情一鬧開，姊姊備受委屈，便又哭又鬧，妹妹竟然回說：

「你應該早一點回家。」

這種情形，像極了職場！乖的人像晚到的姊姊，太晚認清職場的眞相，太晚做出改變，等到蛋糕已經被別人吃下肚子之後才來論斷公平，一切已經來不及。

分食大餅，只能吃到餅乾屑

就社會趨勢來看，這個世代的機會相對少，即使努力付出，可以獲得的回報不成比例，和父母那一輩無法相提並論。如果還在用父母教的那一套，將老闆的話聽進耳裡、把公司事情擺在第一位、認眞勤奮做事、對人謙虛禮讓，做一個乖乖牌，那麼機會將更少，回報也將更低。

社會的利益是一塊大餅，乖乖牌選擇加入社會，進到主流，走在軌道上，分食大餅，而大餅是固定的，乖乖牌所能做的就是掌握機會，可是就算掌握得再好，隨著進來分食的人愈來愈多，自己可以吃到的部分愈來愈小。未來是一個M型世界，富者恆富，窮者恆窮，十分之一的人吃掉九成大餅，剩下一成的餅由九成的人分食，這就是新世代會變得既窮又忙的原因。誰在變窮，向下流動？是乖乖牌！

不乖的人就不是這樣想，他們不再去想剩下的這塊十分之一餅（因爲再努力還是十分之一），改成由自己做出一塊新的餅。一開始不大，等到時機成熟，能量俱足，餅變大了，他們就坐收這個新市場的全部利益。

不乖，是一種覺醒與習慣

乖乖牌掌握機會，是防守型人生；不乖的人創造機會，是攻擊型人生。最佳的防守，不是百分之一百的防守，而是攻擊。不乖的人的回報多，就是這個原因。

但是也不必嫉妒他們，因爲不乖的人吃的餅是自己做的，並不是分食掉乖乖牌的餅。

上班是一個不由自己控制的狀態，尤其要具備不乖的自我覺醒，要有不乖的思維，堅持做一個不乖的人。不乖不只是天生的個性，而是一種人生信念與行爲習慣，可以透過覺醒與學習，相信自己也勇敢做自己，外顯爲一種氣場，成爲一種習慣，製造一種特殊的吸引力，讓全世界都來幫助自己，成爲自己想要的人，完成自己想要達成的目標。

做一個不乖的人，前提是要有實力與勇氣，準備好了就跨出去！

目錄

第二部 不乖才能勝出

第三部 消滅組織幻影

第四部 顛覆你自己

第五部　不乖是一門學問

第一部

沒有選擇的世代

有沒有選擇、有沒有機會，一直都是在上層的強者說了算，遊戲規則由他們決定！他們就是要你乖，拿走你的選擇，拿走你的機會，贏者通吃。唯一能翻轉局面的，就是不乖，不甩他們的遊戲規則！

1-1 靠企業，企業可能會倒

企業，不再是飯碗！

老闆，不再是依靠！

不論是企業或老闆，都無法承諾員工的未來，因爲他們連對自己也無法給承諾，保證未來永遠美好。這是一個誰也無法向誰承諾的時代，唯一能做的事就是爲自己負責、給自己承諾。

職場的變化，絕對是從人情走向無情，從感性走向理性，從關係走向數字，現在已經發生，未來會更普遍，請正視以下的職場事實：

未來職場①：企業壽命很短

一般上班族不會想到，每天每月吐出鈔票的企業會比自己短命。按照企業的平均壽命來看，很多人一輩子會經歷至少八次至十次企業倒閉。面對殘酷的事實，老闆無法向員工承諾未來，不只是不願意，也是做不到。

根據美國《財富》（*Fortune*）雜誌報導，美國六十二％的企業壽命平均不逾五年，中小企業低於七年，跨國企業十至十二年，最長壽的是大企業，也不到四十年。而每一年全世界都搶先報導的五百大企業，平均壽命是四十至四十二年，一千大企業則只有三十年。美國尚且如此，九十七％是中小企業的台灣可想見是更短命。

相對的，一般上班族自二十五歲開始上班，直至六十五歲退休，工作壽命長達四十年。更何況政府規定可領年金的退休年齡不斷往後延，澳洲現在已經喊到七十歲退休，看來新一代有機會做到四十五年！這樣算起來，即使畢業第一天就進入世界前五百大企業，也不可能做到退休那一天。

經濟景氣的周期愈來愈短，企業變得更脆弱，生命更縮短，還想要將終身託付給企業嗎？別鬧了，這恐怕是跟自己開過的最大玩笑。

未來職場②：不看年資，只論績效

企業將比過去更現實殘酷。它們不再看年資，不講人情，而是以績效掛帥，論功行賞，數字表現漂亮的多給獎金，數字墊底的要求走人。員工無一日可懈怠，工作壓力日增，危機感強烈，罹患身心疾病的比例逐日升高。

「我好像一隻倉鼠，只要一踏進公司，就開始在滾輪起跑，沒有停下來的一刻，愈跑愈快，快到常常要昏厥過去。可怕的是，大腦還不斷給我催眠，說這裡充滿成就感……」一位女性上班族在辦公室兩次心臟病發昏倒，送醫急救之後，決定轉換跑道到節奏緩慢的行業，不久之後又罹患網球肘。

「上班就是緊張，被數字追著跑，擔心交不出成績，無法慢下來、停下來……」在維持工作競爭力及身體健康之間，她無所適從，找不到平衡點。

未來職場③：人才是成本，一路砍到底

「最近我要改變演講的主題，不再講認識自我、職涯規畫，而是改講薪資談判。」一家獵頭公司老闆發現，低薪是目前年輕人最抱怨的焦點，薪資是年輕人最想聽的議題，於是他不再講「虛無飄渺」的追尋自我，而是切入年輕人的需求。

在微利時代，電子業的利潤普遍是茅山道士（毛利三到四），其他行業雖然高一些，但是美好的日子畢竟過去了，企業主無不大嘆錢難賺，能做的便是苛死當（cost down，降低成本）。人才不再是人才，而是可以省下來的成本：人才不再是資產，而是利用後可丟棄的資源……這些苛死當的作法，讓員工的處境日益不堪。

企業用人，薪資不公開，只寫「面議」。到了面試階段，則是一路砍價砍到見骨。有的人資部門似乎變成採購部門，議價是主要的工作，以最低的薪資用到優秀人才則是重要的KPI（Key Performance Indicator，關鍵績效指標）。

未來職場④：人力靈活運用，愈邊際愈佳

過去，人事開銷是固定成本，即使才在念高職的工讀生也都是正職人員；現在，人力是邊際成本，景氣佳就多用幾個，景氣差就資遣幾個，即使是大學畢業生也可能是時薪人員、派遣人員。企業爲了降低成本，在人力上希望靈活運用，將固定成本改成邊際成本，隨著景氣變化做增減，不必背負罵名。

這樣的結果，造成就業的風險性大增。一個不景氣大浪打過來，沙灘上便留下一堆時薪、派遣、兼職的非典型就業員工，使得他們的職涯起伏愈來愈頻繁、職涯壽命愈來愈短、薪資所得愈來愈微薄，就業不安全最後變成所得不安全，影響到對人生的滿意度。

未來職場⑤：升遷階梯不見了

工作十年，薪水會爬到天花板，再也漲不上去，除非升為主管職，才有加薪的機會與發展前景。但是，這種靠升遷調薪的職涯模式已成爲過去式，組織走向扁平化，升遷的梯子陸續抽走，職涯不再是一路往上走，加薪靠的不是升遷。

未來的職場是變形蟲組織，職涯模式是不斷回到原點的格子狀，當新任務交派下來時，組成新團隊，有人擔任ＰＭ（專案經理）；當任務結束，團隊解散，人人回到原點，不會有人固定領主管薪水。

未來職場⑥：中年後再度求職

台灣退休年齡約爲五十七歲，比起日本六十九歲、韓國七十歲，少工作十二、三年，少見到中老年人活躍於職場。但隨著少子化造成勞動力不足，以及高齡化需要養老金，都將逼得中老年人出外求職，二度就業。他們的敘薪低，將搶走非腦力的低階工作，以服務業爲主，排擠掉不具一技之長的年輕人。

即使具有專業技能，也不見得可以用到退休那一天，中途不被淘汰。因此，在科技日異的今天，維持不敗的競爭力，擁有多項可以轉換的技能，成爲每一個人在這個新時代的新挑戰。
醒醒吧！誰都不能給你承諾，只有你自己。

1-2 學歷貶值，貶不到我的

學歷愈來愈高，是一股不可逆的浪潮，也是全球普遍的現象，任誰都擋不了。但是，台灣卻是過度發展到完全失控的地步。

一九九五年台灣啓動教改後，二十年間大學自二十三所暴增至一百二十二所，大學生從二十四萬人增加到一百二十四萬人，足足增加一百萬人，增幅高達四倍，九成青年進大學就讀。同期，韓國大學生人數增加七十%，日本增加十二%，足見台灣簡直是高速公路上失速的車輛，眼看要釀成連環大車禍，至今政府還未出手踩煞車。

學歷競賽，延後就業時間

追求文憑、過度教育的結果，大學生人數多於高中生，技職體系宣告崩壞，勞動力市場呈現倒三角形。偏偏台灣是代工島，需要龐大的作業員與技術人才，教育體制與產業需求脫節，導致大學生畢業後，失業率高於高中職生。

在過去，念大學容易就業，工作好，薪資高。現在不同了，大學生月薪二十二K，政府甚至針對年輕人祭出失業補助金，這都是前所未有的聽聞，嚇壞學生與父母，社會輿論也紛紛提出「學歷無用論」的觀點。

可怕的是，台灣並未記取教訓，從「大學氾濫」的後遺症中清醒過來，反而陷得更深，連研究所都拖下水。高學歷歹戲拖棚，不知如何收手。

「滿街都是大學生，大學學歷不稀奇，不如再念個碩士，墊高競爭力。」不少年輕人以爲求職困難，是卡在只有大學學歷，認爲再念研究所是一帖解藥。

學生有學歷貶值的憂慮，學校則有招生不足會關校的恐懼，趁勢推波助瀾，祭出各種優惠方案，鼓勵學生再念兩年，使得年輕人就業時間再度延後，高不成低不就的情況更形惡化。念研究所的人數大幅增加，超過產業需求，碩士學歷勢必貶值，碩士考清潔隊員、博士賣雞排將不再是新聞，而是社會常態。

拿回人生主導權

台灣從來就是一個學歷社會，擁抱文憑主義，一旦啓動學歷競賽，就是全民瘋狂，難以回頭！究竟，誰可以來喊停？答案不是政府，不是校方，是你自己！

校方不想處理，政府無能面對，不負責任的大人搞出一個爛攤子，束手無策之後，往年輕人面前一擺，自己退休養老去了。抱怨沒有用，這是你的人生，好過歹過都是你來過，對於這個爛攤子，當C然要悍然拒絕照單全收！看清楚社會的發展，做不一樣的選擇，走不一樣的路，避免捲入這個滅頂的大漩渦裡。

在過去，國中畢業的孩子分成兩群，一群是愛念書的孩子，繼續考高中，三年後拚大學；另一群是不愛念書的孩子，直接去當學徒，或是選擇念高職體系，習得一技之長。七年後，會念書的孩子學到知識與視野，不會念書的孩子學到技能與專注，做的是自己喜歡的事，在就業市場各得其所，各有一片天。

如果所得是一種衡量成就的標準，那麼事實證明，不會念書的孩子成就更非凡！身懷技術，碰上經濟起飛，不升學的孩子開工廠當老闆，雇用大學畢業生，把企業做出規模，開拓全球市場，賺取巨大財富，成為人人稱羨的贏家。

今天不同。大學氾濫，社會獨尊一種價值，唯有學歷而已，技術被遠遠拋在追逐的人群後面……走在這個主流價值裡，看似安全，其實是逐漸在丟掉吃飯的傢伙。

追求文憑的後遺症

老闆之所以錄用一個人，是因為他有用，付薪水是因為他有價值。一個人手裡拿的文憑，如果無法證明具備有用的知識或技術，等同於沒用，失去價值，就會出現以下後遺症：

後遺症１：高學低就

學校產出大批大學生，白領工作卻逐日減少，大學文憑能做什麼？只能降格以求，搶高中生的工作，產生「高學低就」的現象，大學生在餐廳端盤子、在速食店點餐，或在外帶飲料店裡搖著珍珠奶茶……比比皆是，大家卻習以爲常，不以爲怪。

後遺症２：薪水低

大學生供過於求，企業就有籌碼將薪資拉低。年輕上班族最痛恨低薪，罵台灣是鬼島、公司是血汗企業、老闆是吸血鬼，卻忘了自我檢討，學有專長的大學畢業生起薪三萬五至四萬五的並非少數，爲什麼自己只能領二十二Ｋ？問題就出在念了一張沒用的大學文憑，不具備有用的知識與技能。

後遺症３：回家啃老

頂著學士帽，懷抱著夢想，充滿著希望，步入社會後，才發現事實與理想有很長的一段距離，沒有機會從事專業職，必須彎下腰從高中生工作做起，領的薪水不夠養活自己，有些年輕人索性縮回家裡，成爲啃老族。家裡不缺一口飯吃，久而久之變成長期失業。這種「怯於求職」的人愈來愈多，使得父母肩上的重擔直至老年都無法卸下。

選擇科系回歸實用性

避免學歷貶值，唯一的辦法就是丟棄文憑主義，重新正視知識與技能的實用性，讓教育與產業接軌，才能保證學歷有用，以下是一些原則：

1. 科系優於學校

一所國立大學的中文系，所獲得的就業機會及薪資待遇，不會優於一所私立科技大學的資訊系。科系的價值高於學校排名，這是目前已經發生的事實，所以在填寫志願時，要放棄選校不選系的舊思維，改以科系爲優先。

2. 科系傾向實用性

大學走向高學費，半數以上學生背負學貸，在選擇科系時將日益朝向實用性考量，學習技能與知識，到了職場馬上有即戰力，有所發揮。一些非實用性的科系，將會慢慢退出大學校園。

學歷在剛畢業三年還管用，三年之後就被工作經歷的重要性壓過去。因此，即使學歷不如人，學校排名在中段或後段，仍然有機會翻盤，其中的要領就是不走乖乖牌路線，學會不乖，出奇制勝，才能拿出出人意表的亮眼成績。

1-3 就業失業不再溜溜球

年輕時，不太會將「失業」二字和自己聯想在一起，以爲那是人到中年以後才會發生的不幸！即使眼前沒有工作，態度依然淡定，這麼解釋：

「想要再多找一陣子，一定會找到理想工作，這不算是失業！」

「想再回學校念研究所，讓自己更有競爭力。現在是在補習中，不是失業！」

「前一個派遣合約剛到期結束，在等下一個派遣工作，並不是失業！」

聽起來振振有詞，也漂亮正當，無可挑剔。可是根據統計，從社會整體面來看，眞實情形並非如年輕人說的這般樂觀。

父母的擔憂，是眞的……

統計指出一些令人憂心的現象，卻因爲隱而未顯，未受到社會廣泛的注意與討論，比如：

——只要超過一年沒有工作，就有可能陷入長期失業的漩渦裡，難以回到就業市場。

——到了職場之後，被認定是一名成年人，只要從就業市場抽離，不論是爲了考研究所或公務員，就有可能成爲 Yo-Yo 族，以後遇到困難便慣性地彈回青年狀態，像溜溜球一樣，縮回到舒適窩，產生嚴重依賴度，難以跨出去求職。

——愈來愈多的年輕人不就業、不就學、不進修或接受就業輔導，是典型的尼特族（NEET，全稱 Not in Employment, Education or Training），最後便會淪爲啃老族或靠爸族。

對於沒有工作這件事，父母輩並不像年輕人這麼輕鬆看待，無不嚴正以待，催促著快快就業，說的話聽起來尖酸刻薄，卻也現實犀利。

「有工作就做，不要東挑西揀的，再挑下去就老了沒人要。」

「都這個年紀了，還讀什麼書呢？不如好好做事，多存點錢結婚生子。」

上下兩代各說一詞，各據一方，究竟是年輕人對了，還是父母對了？由社會的大趨勢看來，事實似乎是站在父母這一邊，要讓年輕人失望了。

青年失業，走向長期化

第一個大趨勢：青年高失業率：

青年失業率遠高於其他年齡層。全世界青年失業率是全體失業率的兩倍，已經夠嚴重，台灣卻是三倍多，全世界數一數二！台灣的全體失業率在四％上下，青年失業率逾十三％，這個倍數之高，只有義大利可以相提並論。近年來，台灣年輕人走上街頭抗爭，揭櫫正義大旗，推波助瀾的正是這股相對剝奪感日深。

第二個大趨勢：失業日益嚴重

二〇〇八年金融危機之前，ＯＥＣＤ（經濟合作暨發展組織）三十四國的失業人口是八百七十萬人；時隔六年到了二〇一四年，在各國祭出各種搶救經濟的措施之後，失業大軍未見消退，反而逆勢飆升八十五％，增加爲一千六百零九萬人。

第三個大趨勢：失業走向長期化

失業不再是一時的遭遇，極可能是長期的人生際遇，成年人是，青年人也是！失業長期化，舉世皆然，人口占比之高讓人驚詫。在歐盟的失業人口中，半數是長期失業，連續一年以上沒有工作。

第四個大趨勢：就業高風險性

就算是有工作，工作充滿高風險性也令人心酸，包括低薪、缺乏保障、環境不佳等。台灣有七十六萬人從事非典型勞動，比如時薪、派遣、季節工等，其中有四分之一是年輕人。台灣迄今沒有派遣法，而九成以上的派遣公司和派遣勞工簽訂的是短期雇用契約，一旦階段性工作結束，即被迫失業，長期處於失業與就業的惡性循環中。剛畢業就進入派遣，如同在身上烙印，可能一輩子都在做派遣，脫身不得。

不要陷入長期失業的夢魘

遺憾的是，年輕人手裡握著大把可以揮灑的青春，自認爲還有長長一輩子試這試那，人生充滿選擇與可能性，試試派遣，再試試國外度假打工，遇到瓶頸就回校園念學位，看到別人都在考公務員也去試試……可是這些選擇，在多年後回顧，會發現可能是一個一個陷阱。

「這是一個看似選擇多，其實不太有選擇的時代。」

相較起來，這一代年輕人更需要提高警覺，嚴肅面對生涯，沒有率性而爲的籌碼。可惜畢竟年輕，聽不進耳裡，覺得人生是來追求自我、完成夢想，不是爲工作而活的，怎麼可以爲了避免失業而失去人生探險的樂趣與驚奇？人不青春枉少年，就尊重你們的選擇，不過在追求自我與殘酷事實之間，仍然有些原則要遵守，以免錯失第一黃金就業時間，而陷入長期失業中。

原則１：失業勿超過一年

失業有一個特性：長期化，有如橡皮筋拉得愈長，彈性愈疲乏，放手後彈不回去。超過一年未就業，讓人失去信心，求職退怯，不易獲得企業青睞，難以回到就業市場。一年是一個臨界點，千萬不要跨過！

原則２：不要長期從事非典型工作

日劇《派遣女王》走紅，年輕人以爲派遣是一個時髦工作，遊歷各家企業，體驗多樣文化，嘗試各式工作。可是隨著年齡漸長，想要穩定下來時，卻怎麼努力都回不到正職軌道。因此，不論是時薪、接案或派遣，都建議淺嘗即止，新鮮好奇過了，趁早回頭尋覓正職工作，追求穩定性與安全性，才是職場最終的歸宿。

原則 3：不要當 Yo-Yo 族

從職場離開，過一陣子之後再回到職場，偶一為之即可，不要變成習慣。一定要鎖定方向，不要偏離主軸，隨著社會潮流起舞，今天想到澳洲打工度假，明天想去英國短期遊學，後天想去創業賣冰……最後一無所長，甚至一事無成。

全球經濟進入大停擺，失業不再局限於特定少數人，也不是中年人專利，它有年輕化的傾向，連年輕人都有機會面臨。避免的辦法是切勿陷入長期失業的狀態，盡量在舞台上繼續活躍，發光發熱，證明實力與價值，延長就業壽命。

失業一點都不浪漫，它會讓人失去定位，懷疑自我，以及陷入經濟困難。請正視失業的嚴重性，也請珍惜每一個工作機會，努力以赴，展現好成績。

1-4 低薪時代，自己翻轉命運

工作貧窮（Working poor）已經是這個時代的印記，愈來愈多的人即使有工作有薪資，仍然無法維持一個合理的生活品質。

台灣由於物價低，年輕人覺得生活上還可以擁有一些小確幸，事實不然！以物價作爲基準，將薪水換算成「實際購買力」，台灣大學生畢業後起薪的「實際購買力」仍然遠遠落後其他國家，只有新加坡的六成、韓國的八成。

相對貧窮，就是你的未來。

在過去，貧窮可以靠教育翻身，也可以靠努力改寫命運。現在教育與努力依然可以創造機會，可惜經濟大不如昔，翻轉的力道薄弱。二級貧戶當總統、小學沒畢業當首富將不再，可怕的是，貧窮不只會向下僵固化，還會世襲，連下一代都走不出貧窮夢魘，這是年輕人不婚不生的原因。

所以，不能跟著坐在有前人屁股印子的椅子上，要有不同的想法與作法，才有機會走出困局，脫貧成功。

企業變相減薪

年輕人對於工作最在意兩個重點，其一是可以實現自我，既要符合興趣，還要能完成夢想；其二是薪資合理，可以過有品質的生活。可惜的是，三十歲以下的青年逾半數的薪資未達三萬元，低薪幾乎是貼在身上的魔咒，再也撕不下來。

造成低薪的原因，主要還是因爲產業出走，尤其是製造業爲了降低成本，外移至勞工與土地廉價的國家，比如中國以及東南亞國家，工作機會大幅消失，而且回頭將國內的薪資水平一併往下拉低。

企業的作法，除了凍薪不調漲之外，也重組薪資結構，將本薪的比例降低，調高津貼與獎金的比例。景氣好時，大家無感，每個月領到的薪水一樣；景氣變差時，只能拿到本薪及微少津貼，獎金不見了，員工啞巴吃黃蓮，無法提出異議，還擔心連工作都消失。

老闆不把錢分給員工

景氣有循環，企業下一個殺手秘技便是調節人力，景氣好時多用一些人，景氣差時少用一些人，發明不少非典型的用人制度，比如約聘制、時薪制、實習制、派遣制等。尤其是科技大廠，是除了政府之外的最大派遣雇主，當派遣公司告訴年輕人「有機會轉正職」，年輕人二話不說就投懷送抱，開始派遣人生。

隨著時間推移，年事漸長，竟然回不了頭，沒有接軌正職的一天。而這些契約型工作機會串起來的職涯模式，是不斷的失業與不斷的就業。有一位年輕女孩做兩年派遣，合起來的在職時間不到半年，失業時連要領補助金都不符合資格，更不用談總共領到的薪資有多麼微薄！

台灣的工會不發達，缺乏爲勞方有力發聲的第三方，也造成企業爲所欲爲，把利潤都放到自己的口袋裡。

過去十餘年，台灣GDP有成長，勞動生產力有增加，可是成長果實分給勞工的分量變少了。一九九一年時，台灣經濟大餅五十一．六%由勞工拿走，到了二〇一二年只剩四十六．二%，足見老闆不是沒有錢，而是不分給員工。台灣企業的市值與獲利能力上全球排行榜者勉強只有台積電，二〇一五年富比世富豪卻有三十八位台灣企業主進榜，由此可見一斑。

政府缺乏警覺性

遺憾的是，政府像一隻把頭埋在沙堆裡的駱駝，在金融海嘯時期，不只沒有警覺到當時台灣薪資已倒退十三年，還在傷口抹鹽，祭出二十二K補助企業任用大學畢業生，從此把大學生的薪資定錨在二十二K，多年拉不上來，引起民怨沸騰。

爲安撫民意，政府就調動基本工資，可是每每都會有企業嚷嚷著再調薪就要出走，相同戲碼年年上演，因此每次只能調升一百元上下，一個月不過多一個便當錢。除此之外，政府能做的便是發給失業補助金，但是只能救一時的急，無法救一輩子的窮。

所以，你只能靠自己翻身！

愼選工作，賺得第一桶金

首先，要認清楚一個事實：財富主要不是來自工作所得，而是靠理財致富，因此要充實理財知識，也要小心槓桿操作帶來的慘痛後果。理財的第一桶金來自工作所得，薪資是你致富的起點，仍然值得你爲它奮鬥，讓自己站上翻身的轉折點。

其次，在這個凍薪時代，要認清楚第二個現實：升上主管職是拿高薪的捷徑。職場的薪資日益兩極化，在上個世紀七〇年代，美國CEO的薪水是一般員工的十五至二十倍，過了二十年便增加至一百五十至三百五十倍，現在更是超過五百倍。所以當有一個主管機會來到眼前時，請務必一手抓住，不要猶豫，不要恐懼，不要排斥，迎接高薪的來臨。

在還沒有升上主管之前，行業別與職務別也是決定薪資高低的關鍵因素，請掌握兩個原則：

1. 選擇專業性的職務

必須具備專業技能才得以勝任的職務、需要一定時間養成的人才，薪資才喊得出行情。如果不具條件門檻，科系不拘、經歷不限，人人都可以上手，薪資一定低。

2. 選擇具有困難性的職務

必須付出加倍的努力、具備人脈才能做出好成績，或是工作環境危險髒亂，一般人不願意從事，這些工作通常不只薪資高，還會有獎金可拿。

起薪不會領一輩子，重點是要看工作的發展性，不要被起薪低給嚇退，也不要被起薪高給綁住。對社會新鮮人來說，發展性的考量優於薪資，但三十歲是一個重要分水嶺，過了三十歲還落在低薪帶，有可能領一輩子低薪。因此，趁年輕時打好基礎，才有機會在三十歲之後躍上高薪族。

1-5 休假變多，工時變短

年輕上班族的兩大痛恨，第一名是低薪，第二名是責任制，包山包海的工作，永無止境的加班，最後換得的卻是不等值報酬，令人咬牙切齒。

就工作時間來看，和全世界相比，台灣的確是相當長！二〇一三年和OECD三十四個國家相比，台灣一年平均工時（二千一百四十一小時）排名第三，僅次於新加坡（二千四百零二小時）、墨西哥（二千二百二十六小時）。美國則排名第八，工作一千七百五十二小時；日本排名第十，工作一千七百四十五小時。

工時愈來愈短

更讓人氣短的是，工時長卻薪資低。台灣平均月薪約四萬五千元，新加坡工時比台灣長，每個工作天比台灣多做一小時，月薪卻高達十萬五千元，是台灣的二．三倍；韓國的工時比台灣短，每星期比台灣少做一小時，月薪是七萬八千元，是台灣的一．七倍。

台灣人窮忙，愈忙愈窮。

還好，這世界不會只有黑暗一片，陽光還是有照進來的時候。好消息是工時將愈來愈短，這是全世界趨勢。比起五年前，二〇一三年台灣的工時足足減少二十五小時，韓國更驚人，減少二百一十六小時，美國則是少六十四小時，日本是四十小時。

這就是大家期待的小確幸！工作天數變少，連續假日變多，像日本的工作天數總共一百一十九天，休假日都盡量湊成連續假期，另外還會放長假，如黃金周或暑假（盂蘭盆節）。台灣也是一樣的走向，家庭團聚日如端午節、中秋節盡量排成連假，一放三天以上，農曆春節甚至多達九天或十天，有利於返鄉或出國。

追求工作與生活的平衡

即使有陽光的日子愈來愈多，但仍有不少人是活在黑暗的角落，受控於公司不明文的責任制，過著沒日沒夜的加班人生。

「拚個十年吧！在爆肝之前趕快賺飽，到時候退休或換個輕鬆的工作。」

一位工科碩士目前在服研發替代役，是竹科一家科技大廠的工程師，月領四萬多元，還可以累積工作經歷，他說給研替役綁約三年很值得。

二十六歲，每天工作十二小時還累不垮他，不過生活裡幾乎只有上班與睡大頭覺兩件事，是一名徹頭徹尾的上班宅男，沒時間談戀愛。對此他倒是有些悵然，覺得生活好像破了一個大洞，頗爲空虛。

可是，其他年輕人不見得這麼想。他們不是在科技大廠工作，領的是兩、三萬至四萬元的薪水，老闆也沒有意思要調薪，只能靠跳槽加薪。對這群年輕人來說，公司是不可靠的，老闆是不可信的，工作不是生命的唯一，追求工作與生活平衡的人生。

愈來愈多年輕人在求職時，對工作訂出兩大原則，一是周休二日，二是準時下班，而它們也成爲一家企業是不是夠格稱爲「幸福企業」的最低標準。

「老闆，既然不會加薪，那麼就不要要求員工加班。」一位經理向老闆柔性勸導，努力用婉轉的說法讓老闆了解年輕世代的想法，「準時下班，讓員工有一個繼續留在這家公司努力的理由吧！」

月薪高，不如時薪高更划算

有一位年輕人面臨工作抉擇時，做出了讓父母輩無法理解的決定。一份工作月領三萬三千元，另一份兩萬八千元，竟然選擇後者。

「三萬三千元這份工作，我打聽過了，公司就是要你加班再加班，沒有自我，沒有生活，最後窮得只剩下工作，我寧願不要！」

這位見錢不眼開的年輕人說，薪水低的工作可以準時下班，有自己的時間，安排進修充電、或朋友社交，也是一種投資，而且生活過得更豐富精彩，反而賺更多。

更何況，現在年輕人的新觀念是月薪高不是高，時薪高才是眞的高，在高薪之外，也追求CP值，會將月薪除以實際工時，用時薪來看看自己的付出究竟值不値得。一位上班族說：

「月薪三萬三千元，每天工作十小時，平均時薪是一百五十元；月薪兩萬八千元，每天工作八小時，平均時薪近一百六十元，還多十元！」

責任制，勢必要走入歷史

對於加班這件事，上下兩代的觀念也大相逕庭。老一輩認爲，加班代表認眞勤奮，忠誠度高；年輕世代卻不這麼想，他們認爲工時長和貢獻度是兩碼子事，以下是他們的心聲：

「不能準時下班，感覺眞的糟透了。」

「有需要，我們就會加班；沒有需要，就不要認爲加班才是認眞工作。」

「我會努力工作，追求效率，但是如果做不完，那是因爲工作量太多，請加人！」

即使如此，企業用一份薪水可以吃到飽，嘗到責任制的甜美，一時半刻捨不得放棄。就算政府三令五申，派員臨時抽檢，企業還是想方設法鑽漏洞，與政府大玩躲貓貓遊戲。

首先，把責任制改一個名稱，換成「自主管理」，聽起來民主自由，骨子裡還是要工作全包、責任自負，不領加班費。接著，要員工先刷下班卡，再回到崗位繼續工作；或是，要員工塡具加班申請單，可是統統不批准，留下來工作則純屬個人行爲，與公司無涉……

顯然，現在還是處於一個晦暗不明的過渡期，企業和員工對於加班還無法取得共識，但是可以預見的未來，台灣將會和歐美國家一樣，認爲加班是剝削員工的時間、犧牲員工的生活，同時也剝奪了另一個人的工作機會，最後終究會走向準時下班、周休二日，以及連續假期，讓上班族擁抱完整的人生，活得精彩豐富。

1-6 未來熱門工作

媒體每一年都會公布未來會消失的工作，以及未來最熱門的工作。不同的調查單位列出來的清單雖然不盡相同，歸納分析之後，仍然有脈絡可循，其中尤以科技因素最具關鍵性。

問題是，看了這些報導，就可以避免踩到地雷工作嗎？

看來是有困難的！因爲愈來愈多的科技變革，屬於不連續破壞式的創新，並非舊科技的延伸，一項新科技崛起，勢必就有一項舊科技會被取代，致使有些企業或品牌不是宣告破產就是走入歷史，影響所及，有些工作也會隨之消失。

諾基亞曾是手機傳奇，可是消失了……

以手機爲例，年輕一代少有人記得諾基亞這個品牌，且讓我們搭乘時光機，回到這個世紀初，二〇〇四年十支手機中，高達四支是諾基亞，這樣的紀錄即使今天最夯的 iPhone 都未曾打破。

諾基亞自一九九六年起躍身為全球機霸，手機銷量第一蟬聯十四年，直至二〇一一年蘋果、三星把她擠下龍頭寶座，被可以上網、下載APP的智慧型手機打敗，至此一蹶不振。二〇一四年微軟買走諾基亞的手機事業部門，卻未買下諾基亞的手機品牌，諾基亞手機品牌在這個地球從此消失。

十年前，誰也料想不到這個結局。

搜尋關鍵字，在台灣，上一代用雅虎（Yahoo），新世代用谷歌（Google），中國則用百度。可是你知道嗎？它們卻在淡出中。

有一次谷歌台灣總經理簡立峰在台大演講提到，早在二〇〇九年已經不花力氣在搜尋這個功能上，因為用手機和用電腦不同，人們不太用手機做搜尋，谷歌的未來不在搜尋。至於中國百度，雖然現在和阿里、騰訊並列中國三大網路公司，可是簡立峰預言做搜尋的百度未來前景堪憂。

此時此刻，百度還是一個神，誰都難以想像簡立峰的預言會成真。所以，不要站在現在這個時間點，或是根據過去經驗，去預測未來哪家公司會熱門，否則可能會誤判情勢，做錯決定，事後追悔不已！

熱門工作?其實已經成為過去式……

考大學時，依照科系的熱門程度填寫志願，等到大學四年與研究所兩年念完出來之後，熱門科系可能已經變成冷門。

求職時，眼裡只有熱門行業，幾年之後可能要抱著紙箱走出大樓，另外求職找出路……

一個工作在未來是熱門還是冷門，愈來愈難以斷言。人類長壽，職涯是長長數十年，而企業遭逢淘汰的速度在加快中，因此工作由熱門變冷門，或自冷門變熱門的情形會增多。很多人以為只要埋首認眞工作，這個世界就會回報應得的結果，事實不然，反而是一抬頭，才發現身邊的起司不知何時早就被搬走了。

有些工作在消失中，但還存在，大家會錯以為它會繼續存在下去；相對的，有些工作還未誕生，讓人無從想像起，也就無從選擇一個「目前還不存在的工作」，可是它卻在未來大紅大紫。

像今天《富比世》雜誌、《哈佛商業評論》熱烈討論的火紅職業：「資料科學家」，就是一個例子。二○○七年根本沒人聽過這個工作，連 Google 都沒有人搜尋這個關鍵字，可是今天它被稱為這個世紀最性感的工作。這樣的未來誰能預見?不容易啊！

無法預測科技，就要學習觀察社會趨勢

科技改變的走向既然無法預期，不妨從社會趨勢尋找未來工作的線索。物聯網時代即將到來，未來所有企業都是軟體公司。軟體工程師是近年成長最快的職缺，比如金融業轉型走向金融科技，大量需要軟體工程師，可是以台灣爲例，目前三個工程師職缺中，只能補到一位，缺口極大，薪資飆漲，有三、五年經驗的資深軟體工程師平均年薪九十二萬元，無疑的，它就是熱門工作！

另一個社會趨勢是老人化，護理師絕對是行情看漲！全世界大鬧護士荒，加拿大、美國、新加坡、日本紛紛祭出高薪及移民辦法，來台灣挖角，可是台灣連自己都大喊人才不足。這個工作辛苦，還要值大夜班，具有風險性，領有執照的只有六成從事護理師工作，以至於有些醫院不得不關閉病房。現在鹹魚翻身，變成搶手人才。

相對的，從社會趨勢也可以預言那些工作即將消失。

台灣媒體氾濫，電視新聞頻道多，網路也不遑多讓，新聞或評論的網站如雨後春筍般林立，感覺上記者還是一個火紅的職業，可是在衆多預言消失工作的清單中，記者卻是經常名列其中，圈外人多半不解。

事實上，身在媒體圈的人就知道，記者人數的確是在減量中。在網路世界，新聞或評論網站不斷增加，其中卻是內容農場充斥，編輯也以工讀生爲主力，靠機器人抓取熱議或強推的文章，並非自己產製內容，記者的重要性銳減。

三個新的工作觀念

在未來，搶走人們飯碗的勁敵會再多出一位，那就是機器人！這一波機器人具備人工智慧，強敵壓境，不只是取代勞力工作，還會進一步取代腦力工作；不只有藍領工人要嚴陣以待，連坐在辦公室的白領上班族都是剉咧等。

不論選擇科系或工作，父母不能再給予意見了，因爲這些意見是從過去經驗出發，而下一代要選擇的卻是未來的工作，請具備以下新觀念：

沒有一個工作可以做到退休

美國調查指出，念大學時，前兩年所學的技能與知識，到了大三已經過時。在職場中，只有四分之一的人可以從事目前的工作達五年，其他四分之三都需要轉換跑道，因爲工作前景不是褪色就是消失中，人人都要有職涯轉型的能力。

人生決勝點在下班後

上班時，固然要累積技能與經驗，但是下班後仍要不斷自我充實，學習新的知識與技能，參加新的社團，拓展新的人脈。有朝一日，這些投資都將用到自己身上，爲轉換工作提早做充分的準備。

個人要有賺錢的能力

除了依附在組織裡，領企業的薪水外，可以離開組織，剪斷臍帶，靠自己的本事賺到錢嗎？答案若是不行，就要提高警覺，這表示當工作消失時，自己也會從職場消失，失去生存能力。

1-7 未來競爭力

這一代年輕人的能力，比起過去任何一代都來得強！未來要在職場脫穎而出，必須具備的能力愈來愈多元，一招走江湖，打遍天下無敵手的時代已經過去。可是，職場上一些前輩倚老賣老，嘆一代不如一代，其實是錯的，應該是一代強過一代。

在過去的時代，只要有一項專業技能，加上待人謙虛、肯學肯做、努力勤奮，以及掌握機會，成功的可能性幾乎是百分之百。現在不同，每隔一陣子就會看到報章雜誌又提出一項新能力，斬釘截鐵地說它們是成功的關鍵，年年累積下來，新一代要具備的能力之多，足夠讓他們達到「完人」的境界。

只要一項能力做到九十九分，就是競爭力

「溝通力，是通往人生顛峰的捷徑。」

「這是打團隊戰的時代，靠的是合作能力！」

「有創意還不夠，要有執行力！」
「美學力，未來的致勝關鍵！」
「創新力，掌握成功的密碼！」

這些標語口號，如果照單全收，奉爲圭臬，遵行不已，只會讓人失去焦點，迷失方向，不知道自己最需要著力培養的能力是哪一種。

不論是溝通力、合作力，或是執行力、美學力，每項能力都重要，並沒有哪一項能力特別重要，或者是唯一贏的能力，它們都是在職場存活的基本能力。各項能力具備，在職場上最多就是不被淘汰，可以存活而已。至於要脫穎而出，一定要拿出職人精神，將其中一、兩樣能力打造到高於平均水準，做到爐火純青，人人翹起大拇指說讚，就是個人在競爭上的絕對優勢，也是個人在舞台上的獨特亮點。

能力不在多，而在於精；能力不在潮不潮，而在於經得起時代考驗。這是具備能力的第一個重要觀念。

職務不同，能力也不同

第二個重要觀念，是每個職務重視的能力不同，而且有主有副、有重有輕，有些能力需要加強，有些能力不妨輕忽。不是每項能力都一樣重要，必須花相同力氣去學習與培養。

比如，從事業務工作，表達力、社交力及銷售力是最重要的三項能力，至於執行力差一些並無大礙。一般來說，業務員的執行力會比較弱，公司會提供後勤支援，幫助業務員做好文書作業或客戶服務。如果有一位業務員不這麼做，而是將力氣花在提升執行力上，並不會獲得公司的讚賞，也不見得可以拿到好業績。

再舉程式設計人員爲例，最重要的是具備專業技能，可以獨立作業，甚至不需要團隊合作的能力，其他如溝通力、表達力或合作力也不是那麼重要。

由此可見，能力是跟著職務改變，抓重點學習才是務實的作法，才能掌握未來。沒有一項是所謂的未來能力，而是只要下一個職務會用到，就是未來能力。

被忽視的能力，是未來贏的關鍵

既然如此，媒體爲什麼要報導所謂的未來能力，而且整個社會一窩蜂地討論這項未來能力？

那是因爲在傳統的教育體制或職場訓練中，有些能力被忽略了，但是隨著時代改變，包括組織的變化、工作方式的不同，這些能力必須重新被重視，媒體便拉高分貝呼籲，提醒大家注意培養這些能力，適應新的工作環境，或掌握新時代契機。

美學力就是其一。過去台灣是代工島，只要照著國外訂單製造，準時交貨即可，管理的重點放在降低成本，用低廉報價搶得訂單。可是開始做品牌之後，設計產品時發現美學力不夠，產品設計不吸引人，在市場上不具競爭力，不獲消費者青睞。媒體有感於此，開始大聲疾呼注重美學力。

這樣的覺醒，也會回頭改變教育體制。因爲媒體呼籲重視美學力，過去二十年台灣瘋狂設立各種設計學系，培養出大量設計人才。過猶不及，現在台灣竟要面對設計系畢業生供過於求、求職困難、薪水往下探底的窘境。這是一個教訓：跟隨社會主流價值走，選擇熱門科系攻讀，四年畢業出來之後，卻發現情勢已經大逆轉。

硬能力VS.軟能力

一般來說，能力分爲兩種，其一爲硬能力，即專業技能；其二爲軟能力，指的是非專業技能的工作能力，比如溝通協調、人際關係、團隊合作、解決問題的能力等。軟硬能力都重要，在培養上則有先後順序之分，而且隨著年齡增長、位階提升，重要性也出現漲跌互見的情形。

硬能力在學校可以習得，或是補習班、職業訓練中心都可以練得一技之長，它是一個人剛畢業時最重要的能力，擁有它才拿得到入場券進入職場。有些年輕人自認爲有能力，在學校社團擔任重要幹部，會辦活動或募款，呼風喚雨，活躍亮眼，畢業離開校園卻屢屢求職不順，都是卡在硬能力不足。

進入職場一段時間之後，升遷或加薪的決勝點逐漸轉移至軟能力，輪到一些技術高強的宅神吃癟，眼看著那些三腳貓功夫的人只靠一張嘴，就爬到自己頭上，心裡嘔死了！可是這張嘴並不簡單，可以發揮溝通協調的能力，讓大家合作愉快，帶來部門整合的綜效。

一般來說，專業技能像一把劍，隨著實務經驗的加深會愈磨愈亮。可是科技如果出現破壞式不連續的創新，有些專業技能便如自廢武功，再也派不上用場，必須重新學習新技能。也就是說，專業技能有其風險性，必須時時保持歸零的心態。軟能力比較不會有這個困擾，不過也一樣是學無止境，必須終身學習，保持不斷精進的狀態，才能在職場屹立不搖。

因此，所謂的未來能力，不只是跟著職務變動，也跟著職位而不同。專業技能依然重要，且要與時俱進，而非專業技能的軟能力也左右著一個人在職場的成功或失敗。

第二部

不乖才能勝出

成功的人沒有一個是乖乖牌，自訂規則，走自己的路，冒著極大的風險，也獲致極大的成功。他們的人生是一則一則鐵證：拿出實力，勇於付出，相信自己，敢於做自己，讓別人遵從自己的規則，反而可以成功又快樂。

2-1 只有不乖，你才有機會成功

不乖，對於一個人來說，爲什麼重要？

作家侯文詠說，懂得不乖，才能轉大人。

長輩對小孩子最常給的稱讚便是「你好乖」，最常給的責罵則是「不乖」。乖或不乖從小烙印在每個人的心裡，乖就像在心上貼了一個星星，不乖則是在心上畫大叉，制約了一般人的行爲，也限制了思考。

和別人做得一樣，過時了！

有一次日本一家廠商來公司拜訪，日文說寫流利的八十五歲董事長接見他，而我在旁邊陪同。突然，老人家天外飛來一筆，用中文稱讚對方「很乖」，轉頭要我以英語翻譯。面對這位四十歲有餘的日本主管，我一時爲之語塞，不知道用哪個字可以精確傳達老人家關愛的眼神。從來「乖」都是用來稱讚小孩，對一位中年男性竟然也用上……

可見「乖」有多麼深入我們的文化。乖指的是守分寸不踰矩，和大家一樣，不超過大家的認知範圍。

在一些場合，我們常會聽到父母對孩子說：「乖喔～～看看別人怎麼做，你就怎麼做！和別人一樣，就錯不了。」也會聽到父母責罵孩子：「不乖！別人都這麼做，不要和別人不一樣，會被老師罵……」

和別人一樣，就是乖！和別人不一樣，就是不乖！這樣的教育，無啻是在鼓勵孩子的從眾心理，壓抑有看法的孩子，逐漸形成「乖乖牌文化」，對於別人說的話或做的事，不假思索就順從配合，失去獨立判斷與思考的能力，重挫創新的動力。

當孩子提出不同意見時，父母會大聲斥責：「不准回嘴！」可是德國人卻不這麼想，他們認爲孩子之所以回嘴，表示有獨立思考的能力，應該給予尊重，不要當作對長輩的不敬。讓他們發表意見，形成自己的想法，有助於孩子提升表達能力，以及刺激智力，建立自信，學會解決衝突。

成功者，都堅持追求自我

媒體大亨黎智英有一次接受專訪，不斷強調「做人的第一步，先做自己」；

小米機創辦人雷軍說成功者有三項特質，其中一項是「成功無法複製，但只要做自己喜歡的事就會成功」……這些成功者無不追求自我、熱中不乖，他們都是革命分子，生來造反的。

霍伯．格林伯格（Herb Greenberg）、派翠克．史威尼（Patrick Sweeney）在合著的書《你的成功專屬名詞》（*Succeed on Your Own Terms*）裡，提到十四條達到成功的黃金途徑，其中有九條和「我自己」相關。不乖就是敢於做自己，也是成功者的DNA。

1. 專注在「我自己」所擁有的本能
2. 永保參加競賽的心情
3. 專心做「我自己」想成爲的人
4. 做「我自己」眞正感興趣的事
5. 傾聽「我自己」心底的聲音
6. 誠實面對「我自己」的錯誤，扭轉劣勢
7. 勇於承擔「我自己」的所作所爲
8. 確知「我自己」爲了什麼而努力
9. 該放棄就放棄，再重新開始

10. 別讓別人替「我自己」的努力下評斷
11. 勇於接受挑戰
12. 眼觀四方，積極抓住機會
13. 做別人不做的事，變成「我自己」的專長
14. 不要害怕當先鋒

做自己帶來成功，成功又回過頭來強化信心，讓人相信自己的成功不是靠運氣，而是因爲自己做對了選擇。愈是這麼相信，愈是活得自我，雖千萬人吾往矣，形成一個正向的循環。

不乖的好處

一般人雖然從小被教育成要和別人一樣才是乖，心靈深處仍希望和別人不一樣。可是，堅持做自己也會帶來恐懼，害怕和別人不一樣會招致風險與失敗。

既然不乖離成功最近，內心底層也盼望著不乖，爲什麼多數人不選擇不乖？理由是，不乖的短期回報不是責罵就是失敗，帶來龐大的壓力，若非有堅強的毅力，是等不到花開遍野的。

一般人因此徘徊在翹翹板的兩端，不知要和別人「一樣」或「不一樣」。徊得愈久，愈難拿定主意，最終將失去自我，成爲乖乖牌一族，與成功無緣；而死了心眼認定要做不一樣的人，則有機會戴上成功的皇冠。

即使沒有贏得最後的成功，不乖的人依然有些獨得的好處，是乖的人享受不到的，那就是：

1. 不違背自己的價値觀

爲五斗米折腰是難以避免的事，但倘使這個折腰是符合自己的價値觀，也能達成人生目標，也就滿心歡喜，活得暢快。最怕的是五斗米變成三斗米，還被拿走靈魂，失去自我，不僅得不償失，也會失去工作的意義。

2. 追求自己的人生目標

在組織裡，爲人打工，只是幫老闆賣命，完成公司的任務目標，從來沒有自己的個人目標。這樣的工作讓人喪氣，打拚起來也會手軟腳軟不來勁。將個人目標融入公司目標裡，追求起業績數字會格外有活力，覺得工作有無上的價値。

3. 工作充滿熱情

所有的成功者都會提到工作要充滿熱情，但是熱情不是由別人來喚起的，它是一股由內往外發的動力，充滿光與熱。要達到這樣的境界，唯有工作裡面含有自我的成分。沒有人會為別人的事情充滿熱情，只有自己的事情才會雙眼發亮。

4. 建立屬於自己的鮮明風格

一個人有鮮明的風格，就像一個產品有出色的包裝，都會讓人快速有記憶點，增強印象，提升好感度，而這些好處將回報到薪資與職位上。

乖已經過時，不乖才是現代年輕人的共同語言。如果還在乖乖聽話，固守和別人一樣，將被社會淘汰，更不用說活出自己或達到成功顛峰。

2-2 憑什麼你敢不乖！

不乖，聽起來時髦，符合年輕人的主流想法，覺得做人做事就是要不乖，才有機會拔地而起，脫穎而出，被人看見，有所作爲。可是，不乖不如大家想得簡單！否則大家早早都不乖了，不至於稀奇珍貴。

因爲，不乖是有條件的。

有些人不乖時，我們會拍手叫好，做出我們不敢做的事；有些人不乖時，我們卻直冒冷汗，等到眞的砸鍋了，還有人會不禁罵兩句，「也不稱稱斤兩，活該！」這兩種天差地別的待遇，說到底就是條件不同，有些人有本事不乖，有些人沒有本事不乖，在一般人的心底有一個共識，那就是有本事的人才有不乖的條件。

不乖的人具備四項硬條件

不乖，就是我自己有一套遊戲規則，別人按照我的遊戲規則來走。訂遊戲規則的人自然不是等閒之輩，起碼要具備以下四種條件：

條件①：了解遊戲規則

任何地方都有它的遊戲規則，有的是明文規定，有的是不形諸文字的潛規則，不想透徹了解或不屑把底摸清楚，就造反作亂，這種人叫作白目，不是眞正的不乖。

就像律師熟背法律條文，熟背之後才能舉出最有力的辯證，做最佳的攻防戰，不乖的人比誰都懂得遊戲規則。他們知道底線在那裡，也知道漏洞的位置，並查清楚每位關鍵人物的地雷區，所以當他們出手時就是萬無一失，即使有意外也有備案因應，讓自己全身而退。

條件②：具備強大實力

不具備實力，就敢站出來唱反調，伸張權利，提出改革，這種人不叫英雄，叫作炮灰。改革如果來自小人物，死一百次也不夠死；改革如果來自大人物，搖旗吶喊一次就足夠讓歷史改寫。

敢於不乖，一定具備實力，而且實力強大到一眼望過去難以找到取代的人，因此大家不敢得罪他們，只得配合，弱水三千也找不到另一瓢可飲。不乖與否，比的不是不乖的理念有多卓越，而是比背後的實力有多強大。

不乖，是要跳起來往對方臉上狠狠揍一拳，問題是，你先蹲了沒？沒有蹲是跳不高的，打臉也不夠勁道，所以請先蹲馬步，累積足夠實力，再來奢談不乖這件事。

條件③：勇敢承擔風險

不乖的風險大，捱過風險可以獲益數倍，捱不過風險便要一肩扛起，打落牙齒和血吞。敢於不乖，卻沒肩膀承擔，是笑話一則；敢於不乖，也敢於承擔，終究是要創造神話。很多人以爲不乖很帥，卻帥過頭，直接趴在地上從此沒起來。

不乖，是給有膽子的人幹的，也就是所謂的勇者。勇者不等於成功者，革命不成最後成仁的例子多得是，所以要確定自己可以甘冒風險，還可以大氣不吭慷慨就義。如果自知不是這一號人物，還敢鬧不乖，晚上恐怕難以安眠。

條件④：可以部分妥協

堅持用自己的遊戲規則，走自己的路，就可能硬碰硬，槓上既有的體制與規則。面對衝撞時，還堅持不妥協不轉彎，難免是頭破血流一途。小蝦米大戰巨鯨，後果是小蝦米被一口呑進肚子裡，不要說夢想圓不了，自身都難保。

不乖的人清楚自己的目標，充分掌握兩個部分：哪些不能妥協，那些可以妥協。在面對巨鯨時，他們知道要讓出可以妥協的部分：哪些不可以妥協的部分得以保全下來。即使心有不甘，他們寧可把它想像成兩個階段，第一個階段保住大的，犧牲小的，第二個階段是自己做大了，再回頭救小的。

也就是說，不乖的人讓自己保持彈性，不求一次到位，以時間換取空間，以小換大，分階段走向目標，一步一步到達終點。

不乖者的軟條件

有了前面四項條件，只是具備作爲一個不乖者的硬條件，還必須再有一項軟條件，而這項軟條件卻是大前提，那就是對自己誠實！

對自己誠實，不是一件簡單事！多數人在職涯這條路上，對自己並不誠實，有的人從頭到尾就不打算想清楚自己要什麼，就算是想清楚了，也不願意真實面對自己要什麼——前者是思想的懶惰，後者是行動的怠惰。作爲一個對自己誠實的人，就要對自己做一番清楚的整理，分出兩部分：

第一部分：我不要的是什麼

年輕人也許不知道自己「要」什麼，但是都會知道自己「不要」什麼，所以先分出「不要」的部分比較容易著手。不論是人生或職場，想一想自己十年之後不要變成什麼樣的人。如果想不出來，建議看看周圍的親友或前輩，一定可以找出不想要的典型。

既然不想在十年後變成那樣的人，很簡單，從今天起不要做會變成那樣的事情。比如，不想十年後還在領低薪，現在就不要去做會領低薪的事情，像努力不夠、績效不彰、不敢去向主管爭取加薪、不敢跳槽換工作等。

第二部分：我要的是什麼

清理掉「不要」的垃圾，下一步就可以整理出「要」的東西。一樣的，拉開時間距離遙想十年後，自己想要變成什麼樣的人。如果想不出來，不妨從自己的偶像著手，可以是傳記人物，也可以是景仰的前輩，或是崇拜的偶像。找出典型之後，列出他們讓自己欣羨的特質，這些就是自己想要的部分。

接著，不妨觀察他們都做了哪些事，才具備令人崇拜的特質，這些事情就是未來十年自己要做的事。比如，想要在十年後拿高薪，發現前輩的高薪有三分之二來自獎金與分紅，表示績效會影響薪資金額，就必須選擇從事有獎金可領的職務。

不乖，不是一句空口說白話，也不是一件時髦事，而是要拿一生來實踐的理念。沒有三兩三不上梁山，付出努力，承擔風險，才能享受終點的甜美果實。

2-3 哪一種人，最不能乖乖聽話？

還記得小時候吃的水果嗎？

有的大，有的小；有的酸，有的甜；有的圓，有的扁；有的完美無缺，有的嗑嗑碰碰留下一些凹痕……各有各的樣子，各有各的風味。

現在，站在水果攤前，會看到什麼？

全部水果整齊劃一，大小一樣，該圓的就圓，不會出現扁的，甚至看不到一點點嗑碰與凹痕；入口之後，自第一顆水果到第十顆水果吃起來是同樣的甜度與酸度。

當然，這不是來自於大自然的演化，而是科技進步的結果。

電腦選水果，不合規格就刷掉

自市場反映回來的情報，告訴農夫哪一種規格的水果最受歡迎，包括外表與口感，栽種時就用盡科技予以控制。等到水果熟了，農民還會進行第二道程序：

用電腦篩選水果。凡是不合規格的水果會被刷掉，永遠沒有機會出現在消費者的眼前，它們被稱爲「格外蔬果」。

農曆年後，到鄉間朋友家作客，他捧出一籃茂谷柑，個頭小，大小不一，通常我們一隻手可以盈盈握住一顆橘子，這次卻握得上兩顆茂谷柑。朋友像得了個了不起的寶貝似的，壓低聲音說：

「自家種的，不合規格，上不了市場賣，卻是特別有古早味，留著送好朋友。」

橘子還有古早味？我聽著奇怪，一咬下去便懂了，這味道眞是好久不見啊！平常市場上買到的橘子只有甜不見酸，而且甜到有如加了蜜糖似的，但是嘴裡這片橘子有甜有酸，甚至酸還多了點，重現舊時代的熟悉味道……

「風味層次多，不那麼單一無趣。」我由衷地讚嘆。

在農夫家裡，格外蔬果是一個寶；在市場，它卻是一根草，毫無價值，丟棄在地，無人問津。

在目前這個電腦時代裡，一切講求規格與標準，符合規格就會篩選進來，送到市場銷售；不合規格就篩選掉，即使再營養、再有機、再風味佳，結局都是與市場緣慳一面，永不見天日！

電腦選人才，也講究規格化

這麼厲害的電腦，不只篩選蔬果，也篩選人才。在美國旅居多年的四十歲老闆回台灣創業，第一次聽取人力銀行簡報時，不斷聽到可以用各種規格化的選項篩選人才，比如年齡、學歷、科系等，有點無法接受，不禁脫口而出：

「這不就是人肉市場嗎？」

當企業用電腦篩選人才時，人就和蔬果無異，都是產品！從小到大，我們都被當作獨立個體對待，人人都是一個有獨特靈魂的存在，都被鼓勵發展出不一樣的自我，沒有人認為有一天會被拿來論斤秤兩。可是到了就業市場，事實竟是如此殘忍，被要求變成規格化的產品！

科技大廠，只挑前十名的大學

「找到最優秀的人才，不是人資的第一目標；找到合乎規格、安全無虞的人才，才是我們的ＫＰＩ。」

一位企業人資說，優秀與否用了才知道，但是合乎規格這件事用電腦就知道。錄用一個人，後來發現不好用時，人資可以這麼自我開脫：「電腦篩出來就是這樣！」電腦是一個標準，也是一個背書，更是一個出了問題時的藉口。

面對這樣一個普遍存在的事實，剩下來的問題便是，「企業的規格與標準是什麼？」

每年十月，是各家科技大廠到大學搶研發替代役人才的尖峰時間，我也會到現場，人資都這麼告訴我：「給我台成清交！」台成清交的理工研究所畢業生，是他們的第一首選規格。

至於搶不到台成清交的二線大廠，退而求其次，開出以下規格：「給我中字輩的學校！」指的是中央、中山、中正等大學。再挑不到人時，第三波則會提到兩所科技大學：台科大與北科大。

科技大廠篩選人才的規格，就是這些！

不乖，才能創造機會

要符合這個規格，恐怕必須從小學一年級開始拚讀書考試，站到ＰＲ值前九十，才有機會。至於另外九成的人，對於科技大廠而言，被歸類爲「格外人才」，除非資歷極佳、技能突出、贏得競賽大獎，否則難以破格錄用。

社會一直有一條乖乖的軌道：用功讀書→考上頂尖大學→進到大企業，鋪來給ＰＲ值九十以上的天之驕子走的，安全無虞。至於未達ＰＲ值九十的人不適用這條乖乖的軌道，擠不進大企業，工作的保障性低，就必須用另外一套生存法則，讓自己在茫茫人海中冒出頭來。

既然沒有一條乖乖的軌道可以走，那麼就有更多不乖的路可以選擇！

台灣流行一個笑話，卻也是事實：「班上考試成績最優的同學，當學者；成績中上的同學，當公務員；成績中等的，當公司主管；成績最差的，當公司老闆。」

當一個人沒有一條順順當當的路可以走時，反而可以走出自己的路子來。放眼望去，公司和工廠的老闆，沒有一個是乖寶寶！他們從小到大沒有乖過，憑著勇敢做自己，以及堅毅過人的意志，努力勤奮打拚出一片天。

事實證明，競爭條件愈是不如人，愈要懂得出奇制勝，才能創造出不一樣的機會。而這個世界是留給膽子大的人，唯有不乖才能贏得壓倒性的巨大成功，這是亙古不變的世間真理。

2-4 那些不能信的老規矩

從嬰兒開始有移動能力，會爬的那一天起，爸爸媽媽整天叨叨念念，充斥在耳邊的是各種警告，無一不是「不要」起頭。在這個星球學習生存之道，第一則信條是安全至上！

「小心！不要碰花瓶。」

「危險！不要爬到窗戶邊。」

「停！不要再丟了。」

「慢慢來！不要跑那麼快。」

只要子女想要嘗試的事情，對於爸媽來說，等同於大膽！危險！不要命！他們永遠叮嚀著不要做這、不要做那。

人生，不要危險？

亞洲的父母幾乎都是這個樣子。旅居美國二十多年的同學回國時，非常驚訝這裡的爸媽「極度神經質」，每天不斷地喊著孩子，不要他們做這做那，連過趟馬路都是一場拉扯戰，讓他大開眼界，直呼不可思議。

相反的，一名祖母到美國看孫子，親眼見證到美國媳婦的管教之道，也受到極大驚嚇。「她什麼都不管！」包括讓三歲孩子自己拿水杯，倒了一地，這位媳婦不是一個箭步飛奔過去搶救孩子，不讓他滑倒，而是站在遠遠一端袖手旁觀，一邊要求孩子拿拖把來擦乾淨，而這支拖把是孩子身長的兩倍餘。

在這樣的家庭教育之下，亞洲的孩子除了變成媽寶外，也養成保守個性，凡事追求穩健、避免危險，對待人生抱持著「全身而退，毫髮無傷」的謹小慎微態度，按部就班，遵循主流價值，走在主流軌道上，一路無風無雨。

另一方面，亞洲父母也不時展現控制狂性格，掌控孩子的一切選擇與走向。從生活到學校，再到職場，不斷要求子女做這做那，列出一長串待辦事項，說來說去永遠是那幾樣，盡是傳統的思維觀念，比如讀書至上、升學主義、分數掛帥等，即使到二十一世紀的今天仍然未變。

「你要念書！」

「你要考上好學校！」

「你要去考公務員！」

「你要去大企業工作！」

乖寶寶醒來的那一天

不論是要做的事，或不要做的事，父母的理由都是「爲了孩子好」，心裡望子成龍、望女成鳳，如果做不到飛黃騰達，至少也要平平安安地過一生。這些父母最常說的話是：「不要讓我們操心。」

亞洲父母關心孩子幾乎到了無微不至，在外國人看來，卻是只剩下無窮無盡的「擔心」二字。

有些孩子聽話，從小到大是乖寶寶，爸爸媽媽說不要做的事就不會做，說要做的事就去做。直到長大成人，進入職場，爸爸媽媽還是習慣性地將手伸進子女的人生，插手各種選擇與決定，並且灌輸各種大道理。

在這些諄諄教誨裡，盡是一些老生常談。因爲習慣性接受洗腦，乖寶寶不覺得有異，照做不誤，做著做著，卻察覺出不對勁，轉頭一看，那些不遵守道理的同事怎麼一個一個發展得比自己好，薪水高、頭銜漂亮，還被老闆捧在手掌心？乖寶寶的心中出現不平與忿恨，都是這麼抱怨：

「不公平！他離職後再回鍋，怎麼從同事變成我的主管？」

「不公平！明明我的工時最長，怎麼獎金是他拿？」

「不公平！主管說的話，他都不太聽，怎麼主管反而對他客氣萬分？」

在新時代談老規矩的結果

過去在家裡，聽爸媽的話，就有禮物！在學校，聽老師的話，會記嘉獎！聽話有獎，不聽話受懲，這個奉行不悖的遊戲規則，到職場後全都反了，讓人很是懊惱，覺得公司在管理上既不公平也不正義，再待下去沒有前途，便不開心地離開。但是到了另一家公司，發現上演的還是這一齣戲碼，於是認定天下烏鴉一般黑，每家公司都是暗黑世界，從乖寶逐漸變成憤青。

其實，問題都出在爸媽教的這些職場老規矩：

「滾石不生苔！不要常換工作，給人不穩定的印象，企業會不敢用你。」

「要察言觀色！不要有太多自己的意見，讓人覺得難搞，主管會不喜歡你。」

「不要計較工作！多做多學，學到了是自己的，別人拿不走。」

「主管罵你不要回嘴！他總有一天會知道眞相，會自己覺得不好意思。」

「不可以說謊！履歷要老老實實地寫，免得被拆穿，工作就做不下去。」

爸爸媽媽這麼叮嚀，目的是希望你保住工作！可是照做了，工作反而保不住。爲什麼？

時代變了，職場規則也變了

這是一個靠跳槽加薪的時代，不跳槽幾乎很難脫離低薪的困境。如果信奉滾石不生苔的規矩，極有可能一輩子陷在低薪與低階的泥淖裡，跳不出來。

這是一個強調表達意見的時代，唯唯諾諾的人很難生存，終將淹沒在人海與口水裡，被職場淘汰。

這是一個講求績效的時代，不是用工作量多寡來評估價值。不懂得拒絕超量或超時的工作，勢將被工作吞沒，做不出品質與數字。

這是一個快速往前行進的時代，主管和屬下的溝通頻繁，若錯失在第一時間做澄清，就很難再回頭整理彼此的認知差距。

這是一個自我行銷的時代，寫履歷的第一要領是推銷優點，撰寫原則是隱惡揚善、避重就輕，不是全部優點缺點都要老實說。

職場老規矩，不全然對，也不全然錯，問題不在對或錯，而是合不合時宜。有些老規矩未能跟上時代腳步、社會氛圍與大眾觀念，就會出問題。所以，在面對職場老規矩時，務必做出適當的因應、彈性的調整，不可以乖乖地全盤接受，不知變通。

爸爸媽媽疼愛子女，觀念卻沒有與時俱進，會把子女教到「步入歧途」，走上一條辛苦且失敗的路。

2-5 不乖，就是解構自己

乖沒有不好，不過如果乖到失去自我，就是靈魂的墮落。開始學習不乖，自我探索，自我解構，是了解自己、尊重自己的第一步。從乖到不乖，把自己整個倒過來看、翻過來想，會發現另一個自己，走向一個更自由奔放、明亮開闊的世界。

乖乖牌，給人的感覺是善體人意，總是配合別人的意思，永遠把滿足別人擺在第一位，不會拒絕別人的請求。他們不喜歡讓別人不開心，無時無刻不在擔心言語之間得罪別人而不自覺，因此不愛主動表達自己的意見、坦露自己的立場，在團體中希望維持著和諧的氣氛。

乖，只是幫著別人欺負自己

可是，這樣的體貼入微，換來的是——別人快樂了，自己卻不快樂。

別人得到他們要的，自己卻忘記要什麼。

別人的夢想成眞，自己的人生卻是一團亂。

別人站在聚光燈下享受如雷掌聲，自己卻窩在角落沒人注意。

不跟著自己的心走，不說出自己的渴望，這樣的人不論是在愛情、職場或各個層面的人生，都會被嚴重貶低價值，剝削利用，而受盡委屈。

美國歌手瑪丹娜一生旗幟鮮明，獨樹一格，不論是事業或愛情都堪稱不乖的經典，她說：「很多人不敢講出自己要什麼，就因爲這樣，他們才得不到自己想要的。」別人怎麼看待你，是從你身上學習來的，如果你用低價值的態度對待自己，別人就會學到用低價值的方式對待你。

如果別人看輕你，那是因爲你沒看重自己。

如果別人從未好好愛你，那是因爲你從未好好愛過自己。

如果別人從不在乎你的需求，那是因爲你從不說出自己要什麼。

不喜歡別人對待自己的方式，問題不在別人身上，而是在自己身上。不妨重新解構自己，不再守著乖乖牌的形象，給自己披上不乖的外衣，讓別人重新看待自己。

乖，輸掉愛情與工作

小櫻是典型的乖乖牌，低自尊、低自信、低價值，而別人也是這麼對待她。

在愛情裡，小櫻對男友的照顧無微不至。兩人都打從外地來，爲節省房租也相互照應，同居在一起。沒多久，這個平等的關係出現傾斜，傾向男友這一邊：小櫻包辦全部家事，包括洗男友的臭襪子等；看電視時，小櫻喜歡看電影台，男友愛看影集，小櫻屈就男友的喜好，求的是兩人一起窩在沙發相互依偎的溫暖與親密。

在職場裡，小櫻認爲女生不要強出頭，免得予人跋扈強悍、難以相處的印象，大部分時候不發表意見，遇到問題就默默解決。主管以爲她容易打發，加薪與升遷都優先給其他同事。小櫻覺得不平與委屈，可是都放在心裡想想就算了。

小櫻如此退讓，連自我都繳出去，結果是男友懶得跟豬一樣，將小櫻當作免費的佣人使喚；公司精得跟賊一樣，不把小櫻當人才，而是視爲奴才，也從不擔心小櫻會負氣離職。這些，就是小櫻得到的回報。

乖，是因爲不相信自己有價值

直至有一天，高中同學秋玟從美國回來玩，借住在小櫻家一陣子，發現再這樣下去，她都快認不得小櫻這位老同學，於是找小櫻深度談話。

「小櫻，你是一個有價值的人，但是你把別人看得比你還有價值，讓別人以爲你沒有價值，而不尊重你、珍惜你，只是利用你、踐踏你，還不感謝你。」

「事實不是這樣，他們都滿意我的付出，證明我是有價值的。」

「但是，你滿意一味地付出卻得不到對等的回報嗎？你滿意他們從來不問你意見就做決定嗎？」

「的確！我常常有受委屈的感覺。」

話說到這裡，小櫻終於崩潰大哭。秋玟趁此機會直搗她內心裡千絲萬縷的糾結，挖出導致小櫻不重視自己的感覺、不珍惜自己的價值的原因。

「我太在乎別人的眼光與感受，擔心他們會不喜歡我，會在背後說我壞話，或是孤立排擠我。」

「可是，你這麼在乎別人，結果是連你都不喜歡自己，那麼全世界都喜歡你也沒有意義啊！」

說「不」，是不乖的第一步

在短暫相聚的日子裡，秋玫不斷提醒小櫻誠實面對內在的需求，勇敢說出眞心的意見，堅定地表達出明確的立場，從陰暗角落走向舞台中央，讓大家看見小櫻的巨大存在，給予相對質量的重視。

秋玫教會小櫻的第一件事，就是學會說「不」，跨出不乖的第一步，奇妙的變化於焉產生。

在家裡，當男友握著遙控器，轉到影集頻道，小櫻便起身走開。男友嚇一跳，問她怎麼了，小櫻咬字清楚地回答：「我喜歡看電影，從來就不喜歡看影集，所以我到房間上網看電影，你自便！」哪兒知道男友的下一個動作是把搖控器塞到小櫻手裡，還死皮賴臉地說：「我不知道你喜歡看電影，你看啊，我陪你看也行。」

在公司，當主管分派工作，特別點名小櫻這星期要加班趕工完成，小櫻回答不行，主管當下一臉錯愕，爲之語塞。接著，小櫻建議重新分派工作，力求人人工作量平均，她可以加一天班，要給付加班費。主管一聽忙不迭地說：「也對！也對！」小櫻的話入情入理，主管附議，其他同事自然無異議。

拉出底線，就不會遭受侵犯

說「不」行動展開之後，竟然出乎意料地順利。小櫻將心得告訴秋玫：

「原來，說『不』不是難事，並不會讓別人不高興，反而會讓別人重視自己。」

「原來，做一個不乖的人是這麼爽，心裡不再有疙瘩或鬱悶。」

「原來，讓別人覺得自己有主張、不好惹，是一種健康安全的自我保護。」

最重要的是，小櫻發現當自己說 No 時，別人就會說 Yes；當自己不配合時，別人就會配合；當自己不低頭時，別人就會低頭；當自己說出想法時，別人就會傾聽……就像太極一樣有陰有陽，相互調和，極其自然；也像跳雙人舞一樣，有人進就有人退，融合曼妙，優雅有致。

過去小櫻乖到忽略自己有底線，別人便會順勢軟土深掘；現在不同了，小櫻會說「不」，踩住底線，塑造出不乖的形象，對方也看得清楚她的底線在哪裡，雙方反而容易相處，互不侵犯，給予應有的尊重。底線拉出來，空間就會讓出來，小櫻不再是一個被逼到牆角無法喘息的受害者。

不乖，是一個人人都要學習的功課，學會找回自我，拿回人生主導權，贏得別人的尊重，凸顯自己的存在感，提升自己的價值感。

2-6 不乖也有眞假之分

不乖，常常被誤用，死得難看，被看成是殺身成仁、捨身取義的革命烈士，以致讓人誤以爲不乖是一件危險事，而不敢冒然做一個敢出頭不乖的人。卻沒想到，這些死於非命的不乖其實都是冒牌的不乖，不是正字標記的不乖。

年輕屬下在不受主管青睞或自覺失寵的時候，常會轉移焦點，注意到主管偏心，比較偏愛聽話乖巧的同事，就驟下結論，認爲主管不喜歡自己，是因爲自己不聽話不討喜，接著便會推論：「主管都喜歡聽話的屬下，因爲好控制、好管理。」

管理者，偏愛不乖的屬下

可是，管理者這邊的說詞完全不是這麼一回事，是另一套。當他們談起帶人的經驗時，我經常聽到的是「我不喜歡用太乖的屬下」。在比較乖與不乖兩種類別的同事之後，這些主管的管理心得是——

「乖的不好用，不乖的不好管，但是我們寧願用不乖的，有看法、有主見，還會講出來，據理力爭，非得看到事情改變不可，帶來組織進步的動力。」

對於不乖的屬下，管理者要多費心思在說明與討論上，但是總讓人有一份心安。知道這些不乖的同事看哪些事情不順眼，表示他們在意工作、關心公司，在職場上想要有所表現或有所改善，也就是「有心」。

管理者擔心的反而是乖乖牌。聽不到他們的聲音，無法掌握他們的心之所向，是滿意或不滿意，是高興或不高興，還是根本無感，不在意工作也不關心公司，覺得成敗不干自己的事，少一份積極投入的心，這樣的屬下讓人無從帶領起。

除了有心沒心之外，不乖的屬下屬於高能力、高自信、高動機的一群，在績效上也是高目標、高表現的一群，是企業內部的明日之星，帶來顛覆，也帶來創新，推動企業再上一層樓，迎接轉型挑戰，帶給公司的貢獻遠高於乖乖牌。

在管理者的內心裡，其實是更看重不乖的屬下。可是，爲什麼自以爲不乖的屬下，卻不是感受到受重視、受重用，反倒是被輕忽、被冷落？

那是因爲這些人是僞不乖，是假的不乖，並非眞的不乖。

不乖，不是表面上的鬥氣

一群年輕人下班後聚在一起聊工作的事，常常會聽到有人自我炫耀，說起一些當衆給老闆主管打臉的故事，講得眉飛色舞得意洋洋，無非是在強調自己一個「敢」字，做了別人不敢做的事，厲害到幾乎就是一尊神。

「我就這樣給他嗆回去，看著他臉一陣紅一陣青，爽呆了！」

「開會時，我當著大家的面拍他桌子，然後轉身就走，還重重把門一甩。」

逞一時之勇，暢一時之快，然後呢？

什麼都沒有！這件事沒帶來任何改革與創新，在別人眼裡不過是一場鬧劇罷了，解讀完全不同。以下是同事的眞心話：

「也不知道在爭什麼，反正就是在會議室當著老闆的面拍桌子，最後不得不走人。」

「哪兒有這樣嗆主管的，毫無職場倫理觀念，早就應該把他掃地出門。」

僞不乖，不知爲何而戰

僞不乖對於不乖這件事，缺乏眞正的自省自覺，不知道不乖所爲何來，背後動機薄弱，甚至是缺乏動機。

他們的不乖，不過就是一些和主管嗆聲、和老闆拍桌子的鳥事，最後鬧到做不下去，過不了內心的坎，辭呈一遞憤然離去，然後以爲公司在他走後會逐日走下坡，遲早要關門倒閉。可是一年兩年三年過了，企業還是屹立不搖，有的還愈做愈好，反倒是自己的路愈走愈窄。

僞不乖給人的感覺，並不是有主張有勇氣，反倒是不成熟，是一個有勇無謀、意氣之爭的人，不可信賴，且無法委以重任。

眞不乖的人不是這樣子鬧的，因爲吵鬧不會成事，只會敗事，而敗事並非不乖的目的。眞不乖的人在啓動不乖這個殺手鐧時，背後動機明確強烈，步步爲營，只准成功不准失敗，態度上懂得以退爲進，用謙讓爲懷讓對方接受，逐漸走向目標的終點。

眞不乖，贏得信念也贏得人氣

在職場上，不乖有風險，成者爲王，敗者爲寇，一旦失敗就會變成高度爭議，被拿來模糊焦點，落人口實，毀掉信譽及前途。因此不出手則已，一出手便要手到擒來，不可失手。

有勇就要有謀，勇敢是爲了背後的謀略，這才是眞不乖。不乖是一種策略，有動機有布局，不是一場意氣之爭或一時衝動冒進，至於結果則一定有所得也有所成，成爲一個贏的策略。

背後的動機，是僞不乖與眞不乖的眞正差異之處。若要比喻，僞不乖的人像無頭蒼蠅，飛過來飛過去，整天嗡嗡叫，毫無目標，常常被「啪」的一聲一擊倒地；眞不乖的人像翱翔天際的蒼鷹，優雅從容，一眼看到目標獵物時，立即俯衝而下，一叼就飛上天。這兩種都會被「拍」——蒼蠅被嫌吵，一掌拍死；蒼鷹，被拍下來掛在牆上說「好美」，命運迥異。

形諸在外時，眞不乖的人能夠不卑不亢、條理分明地表達出來，給人的感覺不是振振有詞或咄咄逼人，更不是聲嘶力竭拍桌子嗆人，反而是胸有成竹、氣定神閒的優雅從容，彰顯出一個強大的氣場，而這個氣場所展現出來的氣是一股凜然的正氣、一團溫煦的和氣，不是讓人烈日灼傷的火氣。

不乖，追求的是你贏我贏的雙贏，不是你死我活的一面倒。大家都贏了，大家都心服口服，大家一起開香檳慶功，所以不乖的人是最後眞正的贏家。

|第三部|

消滅組織幻影

一直以來，企業生存年限都比每個人的工作生涯短非常多，根本不足以倚賴。我們最終都必須靠自己，即使當上班族，仍要把組織當作幻影，唯有自己才是真實的存在。你不是組織人，而是一個自由人，所以你要夠有實力！

3-1 不爲別人工作，只爲自己

上班族的心態都是一個樣兒，無不這麼想：「到企業上班，是爲企業工作、爲老闆賣命，圖的是一份薪水。」這就是普通上班族的工作哲學，從未想到自己，做到最後面臨資遣裁員、被迫放無薪假，或優退後低薪重新回聘的噩運，只能一聲一聲地喟嘆：「爲別人工作，到最後是一場空。」

事實上，工作這件事，絕對不可能是爲別人工作，一定是爲自己工作。不管工作的理由是實現自我、完成夢想、獲得成就或賺到金錢，這些都是自己要的目標，而企業不過是一個平台、老闆不過是一個仲介者，工作最終都是爲了自己。

連吃五十元的剉冰都超自我……

這是自我的一代，面對任何東西都知道自己要什麼，不是自己要的碰都不碰，連買一碗五十元的剉冰都自我得要命，意見多得不得了，一點妥協餘地都沒有。

「幫我加大紅豆，喔，你弄錯了，我不要小紅豆！」
「給我青蛙下蛋，不要包心的粉圓。」
「再淋點百香果醬……你淋太多了，完了！毀了！這樣整碗都是百香果的味道了……」

可惜，這些自我的一代到了工作時，自我卻都不見了！剉冰是自己要吃的，工作則是老闆要自己做的，聽老闆的話就是了，自我太多反而不討喜且討罵。在生活上是「小確幸的一代」，工作上則成爲「小志向的一代」，不談自己的理想、志向與未來，覺得這些不過都是癡人說夢，遙不可及。

「反正上班嘛，做一天算一天，領得到薪水就好，想那麼多沒用的！」
「上班怎麼會有自我呢？老闆不會給你的！」
「想要追求自我，留到下班後，做個好料理、聽場演唱會、出國旅行一趟吧！」

工作比起吃冰，是多麼天大地大的重要事，一般人卻在這個主要戰場繳械，舉起雙手投降。要知道，工作影響一生至大至遠，它帶來經濟穩定，讓人生活無虞；它提供身分地位，讓人自我肯定；它建立社交人脈，可以交到朋友；它是一個表現的舞台，可以發揮能力，獲得掌聲……

普通上班族一點都不自我

從今天起，在職場上，請回歸本性，還原到一個講求自我的人，拿回自我，展現自我。唯有一個充滿自我的人，工作才會完整地發揮，做到顛峰極致，有最完整的演出，力保自己於不敗之地。

所有成功者都是自我的人，只做自己，站上自己夢想的舞台，追求自己想要的目標，不妥協，不退讓，不放棄。途中或許會碰到各種磨難與挑戰，重要的是走到最後的人都成功了。

這些既自我又成功的人，羨煞一般上班族！這讓我們明白，成功的前提絕對是要自我！沒有自我的人，其實無法成功，甚至注定要失敗。

很多企業都會抱怨，現在年輕人太自我，缺乏勇於負責、負責到底的精神，比如工作沒做完就準時下班，能力不足就怪主管沒教導，效率不彰則推說工作量太大，遇到公司有重要任務時卻休假去了等等。事實上，企業抱怨錯了，這些人不是過度自我，反倒是缺乏自我。

一個追求自我的人，目標明確，知道自己的舞台及方向，知道是為自己而戰，願意付出任何代價完成夢想，意志堅定，韌性驚人，包括自動加班、停止休假、專心一致完成任務。他們是眞正的強人，不可能半途而廢。

缺乏自我的人剛好相反，不知道自己的人生目標，不在意站上去的舞台，不知道爲何而戰，缺乏努力的動機，當然不想爲一場不是自己要打的仗流血流汗。他們才是企業最常看到的普通上班族。

爲自己而戰

犧牲奉獻，爲公司賣命，在這一代聽起來，不過是愚蠢的口號。若他們找不到一個可以自私的動機，或公司給不起一個讓他們自利的理由，這一代是不會掏出自我，把公司的工作當成自己的事情去打拚。因此，即使到公司上班，都要堅持自我，做出自我，即使比別人認眞一倍，都不是吃虧，最終都將回報到自己身上，幫自己打出最美好的一戰。

這是你的人生，你的職場，當你這麼自我時，你做的是自己的事業，選擇自己發光發亮的舞台，事業有多成功、舞台有多大都由你決定，最後連薪資所得都由你說了算。事實也證明，當你百分之百對自己眞誠，百分之百爲自己付出，這些好事都會自然而然發生。所以，請記得這麼做：

為自己的目標而戰

第一件事便是確定自己的人生目標，有了目標才知道終點在哪裡，才會有方向感，不至於像無頭蒼蠅一樣亂飛亂竄。求職時，就要鎖定符合目標的行業、職務，開始布局，鋪上通往目的地的軌道，一步一步往前走。組織目標合乎個人的人生目標，才是最完美的工作。

為自己的舞台而戰

行業對了，職務對了，這就是你的舞台。一開始，也許連演員都稱不上，只能隱身在燈光照不到的黑暗角落。沒關係，做對每一個動作，就有機會往前站一步走到亮處，有角色可以演。奮鬥的過程中，任何人都無法一步到位，不過，只要確定這是你的舞台，終究會有出頭演主角的一天。

為自己的薪水而戰

薪水高低，不只圖個溫飽，還代表受到市場肯定，是個人的具體價值。爲薪水奮戰，是證明自己具有市場價值，也讓自己的日子舒適安逸，過自己想過的理想生活，付出的努力絕對值得！不要客氣，就是開口要，敢要就敢衝，給自己明確的數字目標去衝刺，保證你會滿意最後的結果！

3-2 敢於不乖，老闆更欣賞

從小只要聽話順從，父母或師長就會摸摸孩子的頭說：「你好乖！」接著會給獎勵，比如禮物、零嘴等。相反的，不乖的孩子有主見，堅持按著自己的想法去做，一旦出差錯被責罵，則視爲家常便飯。

乖的行爲會獲得獎勵，不乖的行爲會獲得懲罰，這樣的規則反覆執行十多年之後，多數人都會被制約成乖乖牌，以爲往後人生不論是在那裡，只要聽話順從就會獲得獎勵。

A級人才調薪兩、三倍

到了職場，才發現聽話順從不會拿到糖吃，有自己主見的反而被老闆主管欣賞，得到獎勵、拿到高薪、獲得升遷等。隨著年齡漸長，彼此收入呈倍數差距，乖乖牌掉入新貧族群，而不乖的人卻向上流動到中產階級，甚至成爲新富階級。

人力銀行曾在二〇一四年做調查，有七十三％的企業表示當年有加薪計畫，其中二十一%表示全面調薪，五十二%則是針對績效好的員工加薪。顯然，半數以上企業只把高薪留給那些「值得嘉許」的員工。

美國奇異公司前總裁傑克．威爾許是企業再造的傳奇人物，他認爲自己的工作主要是在找人才。他將員工分爲三級：前二十%的A級、中間七十%的B級，以及墊底的C級。對於A級人才，傑克想盡辦法留人，調薪幅度是B級的二至三倍，升遷拔擢第一優先考慮。

乖乖牌是B級人才，只會做事，卻不做有價值的事，公司會用，但是不會重用。不乖的人是A級人才，只做有價值的事，公司不只重用，還會給數倍高薪。

既不聽話，又不守規定的人被老闆抱緊大腿

不論是在家、學校或職場，秋玫從來沒乖過，根本就是來給這個地球叫陣的。父母希望她念高中考大學，可是喜歡畫畫的她堅持報考高職學設計。畢業後工作兩年存了錢，一個人跑到日本攻讀室內設計，回台灣後輾轉換到建築業，一個因緣際會之下，到中國工作，擔任主管一職。

一開始，中國老闆對台灣來的秋玫極爲頭疼。她堅持品質標準，偏偏這些標準要花錢，加上秋玫做事不按規定，生性大膽，總是先斬再奏，要老闆事後認帳

埋單。

日子一久，她堅持的高標準起了效用，空間設計實用，品質高，口碑佳，買氣火紅，公司賺大錢。老闆逐漸認同秋玫那些原先被視為狗屁倒灶的原則，還讓秋玫分紅成為小富婆。

鏡頭拉回十年前，秋玫剛到這個三級城市時，大家生活落伍，連蓮蓬頭都沒見過，原本應該設在頭頂處，他們卻安在腰際位置；至於乾濕分離的玻璃門，中間有一根桿子是用來晾乾大毛巾，正確是拴在沖浴室外面，他們卻做在沖浴室裡面……像這類問題林林總總，不一而足。

即使說破嘴，同事未必能體會，秋玫二話不說便帶著同事住到五星級飯店，要他們仔細觀察，一一丈量過。這些土裡土氣的同事興奮到徹夜未眠，試這試那，掌握到諸多細節的要領。

這筆帳報到老闆那裡，把老闆心疼死了。可是事情還沒完，秋玫覺得不夠，開始辦公司旅遊，帶著同事到國外遊歷，開拓視野，增長見聞，而且堅持住最高檔的飯店、吃最有名的餐廳、玩最新的遊樂設施、逛最時尚的百貨公司。

「讓他們去生活，真實體驗什麼是高品質，回來才做得出高品質。」

又是一樁先斬後奏！老闆一看帳單，人都要暈過去了，在不甘心下也參加旅遊，結果看到員工眼睛發亮，不斷向他道謝，他知道這一趟旅行是值得的。這還不打緊，員工旅遊做到打出名聲，連客戶、廠商都嚷嚷要來參加，政府單位也加入，老闆更覺得有價值！

「客戶多買幾戶、廠商多給折扣、政府給個方便……比旅遊費用多太多了。」秋玫不乖，老闆從氣得暴跳如雷，到樂得眉開眼笑，抱緊秋玫大腿，捨不得她回台灣工作，想盡辦法讓秋玫開心，給她加薪，給她休假，給她各種方便。

堅持對的事

成為老闆眼中不可取代的亮點，靠聽話順從是辦不到的，唯有超越主管老闆的思維，走在他們前面。這些不乖的人真的不一樣，具有以下特質：

目標導向

對不乖的人來說，符合公司利益就是目標，不符合公司利益就是一坨大便。他們認為，不論公司制度或主管命令，若違反公司利益，都可以檢討；如果符合公司利益，即使違反主管命令，都可以據理力爭。

做對的事

在乖乖牌的腦子裡，職場的倫理優先於事情的是非，只要主管一聲令下，不論對錯，埋首就幹了；不乖的人相反，他們先看事情對不對，再決定要不要做。

堅持原則

面對主管和老闆的權威，不忮不求就能無懼，堅持下去。不乖的人堅持起來時，不怕失敗、不怕嘲笑、不怕革職，只有不放棄，堅守到最後，才能看到長長黑暗隧道外的那一道曙光。

拿出績效

在亞洲人的社會裡，官大學問大，主管和老闆很難剃頭，唯一可以說服他們的方法就是拿出績效！而什麼是績效？就是讓公司賺錢。在老闆心裡，創造公司利潤的人，就是有價值的人。

不只做事，還要做有價值的事

乖乖牌埋首苦幹，即使這件事錯了還往死裡做，不敢違抗公司規定、不敢不聽從主管命令，卻不知道如果事情是錯的，做得再正確還是錯的。

不乖的人目標導向，他們會去檢討公司規定、主管命令，認爲錯了就改，不怕造反，不怕得罪主管，堅持做對的事。

乖乖牌認眞做事，不過也僅止於做事，而不乖的人做對的事，並且是做有價值的事。當老闆論功行賞時，要給誰加薪升遷？當然是給創造價值的人。

3-3 拒絕標準答案，薪水最高

這是一個高變動性的時代，在職場，什麼人會崛起？薪水不是唯一判斷的標準，但絕對是一個重要參考。高薪代表市場行情高，老闆認爲他們比較有價值，這樣的人和一般人有什麼不同？

知名財經雜誌和人力銀行合作，在二〇一五年公布高薪上班族的報告，比較薪水前五%的「高薪族」，和其餘九十五%的「一般族」，發現兩者具有截然不同的性格傾向。一般族習慣循規蹈矩、順從組織，可是高薪族完全不一樣，他們樂於挑戰、擅長解決問題、適應環境變動，並具備獨立思考能力。

性格，不只決定命運，也決定薪水！

能接受不確定性

企業用人時，除了職能測驗外，常用性格測驗，因爲藏在冰山下的性格是留用率的關鍵因素。傳統的測驗都是測以下向度，比如穩定性、堅毅性、耐挫性、自信性等，最新的測驗卻出現一個全新的向度：不確定性。

大企業人資主管剛看到這個性格向度，都是先愣住，隨即點頭如搗蒜地說：「具備不確定性格，在這個高變動的環境，非常有需要！」

他們告訴我，產業每天都要面對突發事件，比如：科技變化，產品優勢不再；競爭激烈，長期客戶被挖走；政府稅法調整，利潤變薄等，性格屬於高穩定性的員工會備感壓力，表現不佳，甚至受不了而選擇離職。另外一群員工卻擁抱不確定性，樂於迎接變動，反倒如魚得水，樂在其中，表現突出，離職率也低。

環境變動快速，凸顯了以下這兩種能力的重要性：

1. 獨立思考的能力

2. 解決問題的能力

在學校，這兩種能力不只沒教，甚至是被體制壓抑。考試以選擇題爲主，四選一，其中一個是標準答案，沒有討論空間，不訓練思辨能力；一旦離開學校，和社會接軌後，才赫然發現這個世界的運作沒有標準答案。學校教各科知識，卻沒教怎麼建立自己的意見，當遇上沒有標準答案的問題，就會不知如何找出解決方法。

乖乖牌，依賴標準答案

小杰屬於乖乖牌，念書時最愛做的事是寫測驗卷，核對標準答案，答對了讓他充滿成就感。畢業後做工程師，一開始公司交派的工作簡單，在主管的指導下，小杰的完成度與正確性都高，自覺挺有能力的，工作滿意開心。

等到愈來愈上手，工作複雜度增高，責任日益重大，突發變化也多，而主管不可能交代每個細節，也不會給標準答案，必須靠小杰自己判斷、靈活變通，小杰卻因此卡住不動。

主管：「你怎麼會這樣做？」

小杰：「上次也是這樣做……」

主管：「可是情況改變，就必須立即有所應變，你有其他解決辦法嗎？」

小杰：「你告訴我怎麼做好了，免得做錯……」

這就是小杰的壞習慣，害怕出錯被罵，總是等著主管給標準答案，照章行事，被歸類爲一般人才。幾年下來，薪水要死不活地偶爾冒個泡，可是小杰不知道是自己的性格不合時宜，卻抱怨主管識人不明。

不乖的人，喜歡自己來

馬克剛好相反，特有主見，不喜歡別人給答案，非得自己想過試過才肯罷休，即使失敗也甘願。他不是父母與師長眼中會念書的好孩子，求學時期並不順遂，沒考上好學校，卻是同學中的意見領袖，待人處世自有一套街頭智慧。

到了職場，一開始主管很頭疼他，告訴他做事方法，馬克卻要提出另一套作法，失敗率極高，他卻不懊惱，當找到最佳解時，總是像發現新大陸般興奮。主管發現馬克喜歡發掘問題，主動解決，連大家習慣的日常作業流程，馬克也看不慣要動手改善，提高工作效能，有幾次都讓他試成功。

馬克：「老大，我有另一個想法，你看看行不行？」

主管：「我們上次試過了，這樣做行不通的。」

馬克：「我研究過上次的作法，問題出在這裡，已經修改過，再試一次看看。」

主管認爲馬克這種性格非常難得，當作明日之星用心培養，只要馬克有任何功績便報獎，使得馬克的薪水高於同事五十％。

缺少三種能力，高薪不見了

和馬克相比，小杰缺少了以下能力：

獨立思考的能力

小杰沒有思考的習慣，只會向主管要標準答案，可是主管不可能每次都有標準答案，反倒希望小杰自己有其他想法，再從中找出最佳解。馬克則不相信有標準答案這件事，喜歡東試西試，打破陳規。

發現問題的能力

小杰認為，大家都這麼做，做得好好的，就一直這麼做下去吧！在他的眼裡，根本不存在著問題。相反的，馬克看什麼都不順眼，每件事都想改得更快更好，在他看來處處有問題。

解決問題的能力

小杰認為，解決問題是主管的責任，不關他的事，他只是執行者、做事的人而已。馬克不這麼想，他認為看到問題，要立即通報，主動解決，這是每個人都要有的責任感。

能解決問題，才是最後的贏家

早在一九九六年，曾經是台積電董事長張忠謀老闆的英特爾創辦人安迪．葛洛夫（Andrew Grove）在《十倍速時代》提到，這是一個遊戲規則不斷改變的時代，上一個小時成就你的因素，下個小時可能就是顛覆你的殺手。問題出現的速度令人追趕不及，以下這種人才是企業最需要的！

「誰能提出解決方案，夠快、夠好，甚至能預測問題的出現，自然是贏家。」

二十年後的今天，產業轉速更快，問題層出不窮，不斷要解決。一家擁有上百年歷史的銀行總經理斷言，還停留在只想做好例行工作，而不能成爲解決方案的人，將被淘汰。

3-4 別再相信老闆的鬼話連篇

乖乖牌都非常受教，尤其是權威人士說大道理時，總是兩手垂立，靜靜聽訓。特別是在職場，老闆主管的每一句話，都有充滿勵志性的佳言金句做糖衣包裝，分外能打動人心，再加上一臉誠摯，苦口婆心、掏肝挖肺，會讓人以爲句句是眞理，並奉爲圭臬，身體力行，成爲職場的模範寶寶。

可是，在這些大道理中，夾帶一些似是而非的觀念，乍聽有道理，若是加以抽絲剝繭，就會發現無一不是站在老闆主管的立場，爲企業的組織目的在服務，並不是百分之一百眞心爲員工好。

一旦不察，乖乖牌就會信以爲眞，照做無疑，把自己賣了都不知道。最後變成組織最大，自己卻消失不見，職涯陷於險境而不自覺，後來被裁員資遣的多半是這一類乖的人。

像這種似是而非、猶如洗腦的大道理，是老闆主管對員工的話術，聽起來讓人暈陶陶，像極一顆顆迷幻藥，服下後眼前一片幻覺，振奮人心，激勵向上，除非具有獨立思考與判斷的能力，否則不容易一眼識破，撥開迷霧，拆穿假面具。

我是來談薪水，不是來談心

首先，最常碰到的第一種狀況是「你要談薪水，他卻跟你談心」。向老闆爭取加薪時，他卻坐下來跟員工促膝長談，話說當年創業維艱的心路歷程，還要員工有爲者亦若是，向他學習堅苦卓絕、百折不撓的精神。

員工問：「老闆，我來上班一年，認眞勤奮，績效表現不錯，是不是可以加薪？」

老闆答：「年輕人，你知道公司還在創業打拚階段，獲利微薄。我自己領的薪水和你一樣，可是你上班八小時，我是十六小時，弄得兒子不認識我，太太也在抱怨守活寡，沒享受到好日子，我的心裡也很苦啊！」

人人都有同情心，一旦起了悲天憫人之心，頓時就忘記面聖目的，即使想起來是要談加薪，也覺得此時此刻再談下去未免有落井下石的罪惡感，於是就和老闆惺惺相惜了起來。至於加薪，再陪老闆打拚一陣子，等老闆賺到錢再說吧！

我是來工作，不是來奉獻

第二種情況是「你是來工作，他卻要你奉獻」。犧牲奉獻也是另一個老闆常說的老哏，它不是鞭子也不是胡蘿蔔，只不過是一些虛幻的理念喊話，老闆不時就用來作爲激勵員工努力賣肝的大道理。

「老闆，到外縣市出差，開車所用的油費，公司計算的方式會讓我一個月虧兩千元，能不能調整？」

「年輕人，做業務就是有三皮，第一是臉皮要厚，第二是嘴皮要厚，第三是腳皮要厚。勤跑客戶是本分，跑得愈多，機會愈多；跑得愈遠，市場愈大，這些耕耘到最後都會回報到你的身上！業務就是靠領獎金，獎金才是大錢，不要計較油費這些小錢，它會讓你的格局變小，不値得爲這點小錢犧牲掉未來前途啊！」

老闆也是做業務出身的，不只是業務高手，還開公司請業務員每天幫他衝刺。這樣一個成功典範，講起話鏗鏘有力，擲地有聲，讓人信服。聽著聽著，菜鳥業務決定自此全心全意奉獻自己，連油費兩千元也奉獻下去。

我是來上班，不是來加班

第三種情況是「你是來上班，他卻要你加班」。台灣企業盛行責任制，給一份薪水之後，就要像到五星級飯店一樣吃到飽，既要員工條件優秀，還要工作勤奮，一天上班十二小時，假日不時要來加班。

「老闆，我想要準時下班，補習進修英文與專業技能。」

「年輕人，補習進修都是假的，從做中學才是眞的。實務經驗最寶貴，哪裡是老師只講理論可以相比的？想想看，加班可以接觸更多專案，還有主管指導，公司付你薪水，一舉數得！去補習班要繳學費，不懂得省錢過日子，老了就會有後顧之憂。像我每天工作十六小時，沒在喊累叫苦的，工作就是要樂在其中。」

老闆是白手起家，每天比同事早進門晚離開，全公司只有他知道電燈與冷氣的開關在哪裡，而事實上，他眞的成功了！推己及人，老闆也認爲員工應該都是他的複製品，力爭上游，對未來懷抱無限希望，不以加班爲苦。

我是來追求成功，不是來共體時艱

第四種情況是「你來追求成功，他卻要你共體時艱」。碰到經濟不景氣或產業生態變化時，公司營運不如往昔，老闆就會溫馨喊話，請同仁共赴國難，共體時艱，放無薪假、減薪扣津貼、刪除員工旅遊等福利……可是等到景氣回溫，先前扣除的薪水與津貼，還有員工福利卻不見回復，沒有打算和員工共享利潤的意思。

「老闆，今年要將員工國外旅遊整個刪除，還是改成國內旅遊？」

「年輕人，景氣比我預期的還差，公司今年恐怕不是小賺就是賠錢。現在才年頭，還是謹慎點比較好，預算小心花，不要等到年底連年終獎金都發不出來，大家就難過年。如果換成國內旅遊，大家一定玩得不開心，也省不了多少錢，所以請大家共體時艱，統統別去了。」

共體時艱是最有效果的喊話，員工和公司都同在一條船上，他們也害怕這條船會進水沉沒，連工作機會都沒有。基於就業安全的考量，大家都會二話不說接受。可是員工義不容辭，情義相挺，卻一片真心換來絕情，生意好轉時，老闆竟然將先前的承諾忘得一乾二淨，這是最讓員工傷心的地方。

對於這些冠冕堂皇的官方說法，不乖的人是不埋單的，他們只聽到老闆要省錢，賺取員工的時間與同情，卻看不到承諾會給予哪些具體的回報。說穿了，就是用話術騙取員工的奴性。看穿了這一層，就不必把前程埋葬在這些虛幻的言語中。

3-5 小心掉進組織人的陷阱

學生時代，我們都被教導：「今天我以學校爲榮，明天學校以我爲榮。」個人的一言一行或成績榮耀，都和學校這塊招牌綁在一起。

這樣的乖乖牌畢業後，到了職場，也是這麼想。

久而久之，不知不覺，就變成了組織人，一心一意爲公司的目標打拚。公司的招牌打響，受到業界肯定、市場歡迎，自己便與有榮焉，像飛上枝頭的鳳凰般，覺得身上的羽毛彷彿鑲上水晶與亮片，耀眼美麗。

相反的，如果公司在市場排名落後，就垂頭喪氣，像鬥敗的公雞。親友問起來在哪裡高就，態度扭捏難安，囁囁嚅嚅說半天，還沒有人聽得懂。

組織人和公司緊緊綁在一起

這樣的組織人，以公司爲榮，也以公司爲恥，他們的自尊自信和公司緊緊相扣，無法拆解，滿心只有公司，忘了自己。

在幫公司擦亮招牌的同時，沒想到自己也是一個品牌，忘了要打響知名度。在幫公司一路拉抬價格的同時，沒想到自己也存在著價值，忘了要爭取身價。

在幫公司努力匪懈的同時，沒想到自己也需要投資，忘了要墊高競爭力……有一天，經濟景氣翻轉、營運績效不彰，或有任何其他原因，使得公司放棄他、老闆背叛他，孑然一身離開時，才發現公司不過是一個虛幻、老闆不過是一個影子，最實在的還是自己，卻落得什麼都不是，缺乏個人品牌，談不上有身價，競爭力普通，多年努力一場空。這時候才來問：

「拿掉名片，我是誰？」

任勞任怨、無怨無悔，爲公司犧牲奉獻、無私忠誠的組織人，是公司裡怨念最深的一群人。他們不只不見得能從公司獲得等值回報，連自己也把自己賣掉，賣掉青春、賣掉健康、賣掉人脈、賣掉未來，他們的內心並不快樂。

不乖的人和公司清楚切割

不乖的人剛好相反，與公司清楚切割，不以公司的好壞爲個人榮辱，也不將個人前途繫於公司。比起乖乖牌的組織人性格，不乖的人無寧是自由人，從觀念到行爲都堅持「我是我，公司是公司」。

打從進職場的第一天，不乖的人就充分體認到一個殘酷的現實：工作是沒有保障的！不會有一家公司要用員工到退休，不會有一位老闆會愛員工到六十五歲，任何時間或任何理由都可能要自己走路。想要讓腦袋保持清醒，讓心靈保持自由，不掉入組織人的陷阱裡，唯一的保障就是自己，唯一的投資也應該給自己，比如：

打響自己的品牌。

拉高自己的身價。

提升自己的競爭力。

拿掉公司這支大傘、丟掉印著職銜的名片，不需要公司背景做依靠，在就業市場裡，不乖的人有自己的清楚定位，個性鮮明、賣點獨特，不隨著組織興衰榮枯而浮沉起伏。

老闆想的，和我們不一樣

茉莉與玫瑰同年，都在畢業那一年同期進入公司。茉莉是典型組織人，努力勤奮，讓主管深感放心。有所發揮也頗受重用，茉莉感恩在心，更加賣力工作，經常加班，還把工作帶回家做，從未抱怨。爲此，茱莉不得不放棄進修英文，以及學習新技術，甚至忙到一年才回南部看爸媽四次。

「只要公司有產品大賣，我就充滿成就感，無比光榮，走起路來都有風。」

「覆巢之下無完卵，公司做得好，我們就跟著好；公司做不好，我們就跟著不好。」

玫瑰則是一個自由人，她不想把自己這個雞蛋放在同一個籃子裡，永遠保持騎驢找馬的心態，待價而沽，僅在意自己是否具有實力，除了進修學習之外，也和業界朋友相聚，交流意見，獲取情報，建立人脈。

「我不能把全部時間賣給公司，公司又不會負責我的一生。」

「我有實力，不論到哪一家公司都好；我沒有實力，哪一家公司都不好。結論是，我在就業市場是否有行情，和自己實力有關係，和任職公司沒關係。」

好景不常，老闆的業外投資慘賠，拖垮公司財務，不得不將公司脫售。新老闆接手之後，開出一串裁員名單，大家赫然發現茱莉在列。諷刺的是，同期的玫瑰卻不在名單內，而留或不留的理由也出乎大家意料之外。新老闆這麼評價茱莉與玫瑰，和員工想的完全不同——

「我的同仁都向我推薦玫瑰，他們認識她，說她不斷投資自己，技術一把罩，而且在同業人脈廣，將來借用的地方多。」

「至於茉莉，她的技能和我原來公司的人員過度重疊，看不到其他附加價值，想不出來要怎麼用她，只好放棄。」

自己！自己！以自己為優先

可是，劇情大轉彎，玫瑰也離職了！她認為在這家公司做三年，該學的都學夠了，計畫換到另一個相關產業做橫向發展，累積實力，結果一個月內就找到新工作。茉莉的求職相對辛苦，履歷寫來寫去盡是一些行政工作，提不出新技能，英語鑑定的分數也低，比玫瑰多花三個月才找到工作，薪水少一萬元。

如何避免掉入組織人的陷阱裡？這是一個腦內革命，也是一個觀念革命，唯有打從心底認為自己是一個自由人，職位要爬多高由自己決定，薪水要拿多少由自己開口，才能保持最高的警覺。

1. 在公司設的績效目標之外，也要有自己的個人職涯目標。
2. 在上下班之外，也要留時間給自己。
3. 在努力工作之外，也要累積實力，投資自己。
4. 在公司招牌之外，也要建立自己的個人品牌。
5. 在公司客戶之外，也要打造自己的人脈。

自己！自己！自己！這一輩子，別忘記有一個人一直在守候著，那就是自己！把自己放到公司前面，優先考慮自己，愛自己多過於愛公司，很快地就自由了。

3-6 拒當工具人

很多剛踏入社會的年輕人都會問：

「我究竟是要做專才，還是要做通才？」

對於企業來說，這兩種人才都要！但是，（重點來了）給的待遇不一樣。待遇包括薪資、福利，以及公司重用的程度、老闆的態度等，而專才受到的待遇，在每一項都贏過通才。

工具人能力強，態度佳，卻失去明確定位

既然如此，爲什麼不少人會選擇變成通才？

第一種通才是因爲缺乏一技之長，以致不知道做什麼工作，只好別人要他做哪個職務就做哪個，沒有選擇的權利。

第二種通才是後天養成，性格使然。他們在職場是乖乖牌，別人拜託幫忙，不好意思拒絕，總是說「好啊」，漸漸的，三不管的灰色地帶沒人理的工作，一

樣一樣落到頭上。日子久了，這些工作從幫忙性質變成分內職責，順理成章都劃入他們負責的範圍內，自然而然變成萬能萬用的通才。

通才也被稱爲「工具人」（utility player），強調這類人具有多功能，可以橫跨多種職務，隨時遞補別人的缺位，迅速恢復職位功能，好用極了！幾乎可用八爪章魚形容他們的能耐。這類人具備三種特質：

1. 能力強：遇事反應靈敏、舉一反三、聰慧能幹。
2. 性格好：認眞勤奮，配合度高，不挑事情做。
3. 忠誠度高：只要公司有需要，馬上放下手邊的事情，全神投入。

乖乖的工具人爲公司犧牲奉獻，大家都投以肯定，稱讚他們：

「沒有人比你更懂得公司！」

「你是公司不可或缺的人才！」

工具人本身也頗爲滿足於這樣的情況，一方面有所發揮，忙得不亦樂乎，感覺充實，另一方面被強烈需要，所以通常會任職很久，屬於資深員工。

可是，好人沒好報！令人不勝唏噓的是，升官加薪時，公司很少考慮到工具人，即使讓工具人升到一個位置，往往再也升不上去，很快碰到天花板。更令人擔心的事還在後頭……有一天公司風雲變色，想要出去求職，卻極爲不利！面試時，經常會發生以下的對話內容，讓人捏一把冷汗。

面試官：「請問，你的專長是什麼？」

工具人：「我可以做……叭啦叭啦（列舉出二、三十項工作內容）……」

面試官：「這麼多項……再請問一遍，你最擅長做什麼？」

工具人：「我都擅長啊！老闆說，交給我辦，萬事ＯＫ！」

最後，面試官因爲不知道工具人究竟適合哪個職位，不得不放棄。這使得很多工具人百思不得其解：自己練就十八般武藝，爲什麼求職反而失利？

這實在是天大的委屈。只要公司需要，他們就像拯救世界的超人馬上飛到眼前，能力無敵，忠心耿耿，結果是找不出一項特殊專長、找不到明確定位，這兩個問題，形成工具人在職涯發展上最大的隱憂！

避免淪爲工具人的方法

工具人乖到竟有些蠢，把自己整個人全賣給企業，而企業心裡知道工具人好用，關鍵時刻卻不打算重用他們。不乖者，愛自己遠甚於企業，效忠工作不效忠公司，卻是得到完全不同的待遇。

不乖的人在意自己在知識技能上的學習與成長，選擇做專才，認爲「每項都做得好，還不如有一項做到最好」，對於非專長的事情一概婉拒，推辭時會說：

「我不擅長，一定做不好。」他們堅持把分內工作做好，至於公司在其他領域缺人手，不在他們的專業領域之內，不能找他們代打，而是公司必須自己解決。

這樣「冷漠無情」的人，卻把自己磨練到掌握產品關鍵因素，也掌握公司的命脈與錢脈，老闆當他們是金雞母，小心伺候著，加薪與升遷第一個想到他們，深怕他們不開心而跳槽離去。比起工具人，在老闆的心裡，專才有價值多了，當然在待遇上要給予高一檔的規格。

工具人任勞任怨卻低回報，何不學學專才，做到以下三件事：

1. 擁有一技之長

有一技之長，在就業市場才能定錨。如果缺少一技之長，做什麼都可以，由別人來定位，最後將難逃工具人的噩運。

2. 做到最好

一項就好，但做到最好，成爲專家！只要是有相關的專業需求，別人一想就想到你，指名由你來做，這就是你的定位，也是你的不可取代性。

3. 婉拒非關專業的任務

不必害怕拒絕！只要你在專業上站得住腳，不必擔心得罪別人。你的價值在於專業，不在於別人的喜愛。

接專案，且要公開！正式！

不過，看看主管們，技能不見得比屬下強，為什麼可以升上去？（重點又來了）主管除了專業能力之外，還要具有通才能力，在此指的是解決問題的能力，包括溝通協調、專案管理、領導激勵、人脈社交等。

比起工具人，不乖的專才聰明多了！他們懂得趁年輕時，把自己的吃飯傢伙顧好，將基礎往下扎深。站穩腳步之後，就橫向發展，對於公司的某些任務會表現出勇於承擔的態勢，但是他們會很小心避免掉入工具人的陷阱裡，一定掌握「正式」與「公開」兩個原則。他們有幾個放在口袋裡的私房秘訣：

在公開場合接下任務

避免私下接受請託，這樣的幫忙不會列入公司的紀錄裡。一定要是大主管在公開場合交派，才可以應允。

接專案，不是接工作

避免接下細項工作，這樣做只會讓自己不過是其中一位幫忙的同事而已，功績不會算到你的頭上。寧願大器一點，接下整個專案，再由自己分派。

跨部門編組

一定要有固定人力參與，雖然不是他們的主要業務，但是編組可以讓他們體認到責任歸屬，而不是到處找人幫忙。

乖乖牌最容易陷入工具人的深淵，尤其要提高警覺，堅守專才的立場，將專業做到最好，提高自己的價值，打響自己的招牌。

3-7 經營個人品牌

多數人一進公司，就停止彩繪自己人生的設計圖，而是把自己全部一股腦兒交給公司，以爲只要認眞努力、忠於公司，讓公司看到我們犧牲奉獻、毫無二心，公司就會擔起所有責任，回報滿滿承諾，保證個人的未來前途。

直到有一天風雲變色，公司做不下去，關門大吉，或是產業生態改變，公司不再用自己這樣的人才，不得已走出公司大門，才發現離開這棵大樹，找不到一個可以納涼的地方；手上沒有一張名片，不只別人不記得我們的名字，我們也突然不知道怎麼介紹自己，找不到定位與價值。

這種人，就是職場的乖乖牌！

你就是明星，當然要打品牌！

乖乖牌在公司裡過慣太平日子，像一隻老鼠掉進存放著滿坑滿谷起司的地窖裡，樂不可支，每天張開眼不必翻身，就可以啃著周圍的起司，有如活在天堂，從一隻瘦老鼠吃成肥老鼠。有一天，起司突然被搬走，肥老鼠卻爬不出又深又暗的地窖，活活餓死。

缺少警覺性、了無危機意識，心裡眼裡只有公司招牌，沒有自己的個人品牌。公司像放著起司的地窖，直到起司被搬走，乖乖牌卻沒有求生能力，可以奮力一爬或縱身一跳，離開職涯黑暗區。

所謂求生能力，就是離開公司後，隨身要帶的兩張保命符——一張是專長技能，另一張是保持身價不墜的個人品牌。一般人想不了這麼遠，認為自己不過是一名上班族，每天到公司上班打卡、下班打卡，有職銜就好，為什麼還要打品牌？

「我不是產品，為什麼要打品牌？」

「我不是明星，為什麼要打個人品牌？」

一個人在職場的壽命愈來愈長，大約三、四十年，而多數企業壽命平均不超過五年，根本無法將終身託付給企業。在時間長河的篩洗下，技能會過時、專長會被淘汰、經驗會無用，只有個人品牌在走過歲月後依然耀眼，是我們終身的依靠，也是不可取代的價值。

品牌，可以提升你在公司的地位

如果有一天，可口可樂這家公司被一把火燒得一無所有，只要憑著「可口可樂」四個字，依舊可以浴火重生，這就是品牌價值！當我們在落後國家旅行，有飲水需求時，毫不考慮地買一瓶可口可樂解渴，覺得喝下去安心無虞，這也是品牌價值！而這樣的品牌概念，也適用於個人，而且愈來愈重要。

「建立個人品牌，是二十一世紀工作的生存法則。」美國管理學家湯姆．彼得斯說：「現在的工作，不只是做一份工作、追求一項事業，而是轉型到建立個人品牌。」

不乖的人自跨進公司的第一步起，在認真努力、擦亮公司招牌之外，知道自己才是眞正值得經營的事業，需要建立個人品牌。因爲有一天如果沒有公司作靠山，自己仍舊有不可取代的價値，無須害怕公司會裁員資遣，外在因素一點都威脅不到個人的職涯安危。

乖乖牌在公司裡，可能是一號人物（somebody），出了公司大門卻是無名小卒（nobody），只能困守在公司裡。而不乖的人，在公司外是somebody，這個品牌名聲回過頭來還可以鞏固他在公司內的地位，何嘗不是一塊安身立命的神主牌，以及一張打得出來的漂亮好牌？因此，建立個人品牌，是務實有用的長期戰略。

幾米成名的模式

插畫家幾米紅遍華人地區，無人不曉，但是且慢，讓時光倒回二十多年前，他不過是一名上班族，在廣告公司負責視覺，沒想過可以靠著插畫家這個職業安身立命。有一支鑰匙開啓了幾米的命運大門，就是他創造出自己的個人品牌。說起來，在個人品牌的操盤上，幾米無任何特別手法，任何人只要有心皆可複製。

階段1：在報紙上畫插圖

在廣告公司工作的空檔，幾米幫書籍畫小插圖，意外被《聯合報》主編發掘，在報紙上刊出全版大插圖。由於畫風獨特，隨著百萬印報量，幾米的才華快速被注意到。

階段2：出版個人插畫作品

幾米出版一系列書作，針對成年讀者用插畫說愛情故事，史無前例，令人耳目一新，大爲熱賣。幾米躍爲名人，一舉一動成爲媒體追逐的對象，曝光量拉到最高點。

階段３：拍成電影

平面作品翻拍成電影，由當紅影帝梁朝偉主演，把幾米推向兩岸三地，市場與讀者群翻了好幾倍。

階段４：開發衍生性商品

陶製擺飾品、馬克杯、文具用品、床單、雨傘……各式各樣的生活用品都印有幾米的畫作，造成搶購風潮，幾米從此二十四小時和大家生活在一起。

找到個人獨特賣點

從上班族到自創個人品牌，在這條路上，幾米不是唯一的奇蹟。網路風行的年代，不論是在部落格或ＦＢ，走紅的例子愈來愈多，比如彎彎、馬克、馬來貘、雞姐、翻白眼溫蒂妮、Duncan等。公司做品牌，公公婆婆雖多，助力也多；個人品牌容易做自己，卻更需要自我監督的能力，持續不懈地努力下去。

建立個人品牌的手法，和開一家公司、賣一樣產品、開一家咖啡店一樣，皆可套用行銷學的理論。在此特別提出三個關鍵，與你分享：

1. 不必依照公司的價值觀

公司有公司的目標，你有你的目標，公司認爲有價值的事，不見得是你認爲有價值的。這是你的個人品牌，請和公司切割，依照你心中所想去做計畫。

2. 找出你的專長和強項

品牌要奠基在產品力上，所謂建立個人品牌就是發揮所長。每個人都會有至少一項專長，這項專長就是產品力，也是你的獨特賣點。

3. 打造自媒體

你一定要開ＦＢ粉絲團，每天持續不間斷地經營，而經營的內容必須是你的專長和強項。少就是多，小就是美，一個主題即可，不要模糊焦點、失去定位，做出質感與專業，才能感召粉絲跟隨你。

第四部

顛覆你自己

成長到今天，不知不覺中，腦海裡塞滿乖乖牌的人生信念。可是從現在起，請開始提高警覺，顛覆自己，逆向思考，學習做不乖的人，迎向全新的世界，踏出不一樣的人生。過程中會有點刺激與危險，但是收穫滿滿。

4-1 談薪資就是要不乖，其他都假的

這是一個實力至上的時代，有實力就擁有薪資的訂價權，沒有實力就摸摸鼻子乖乖躲到牆角去窩著不要出來見人，這本書就不必看了，看了也沒有用。

什麼是薪資訂價權？

就是具備把價格喊高的優勢。

薪資，由自己訂價

蘋果賣 iPhone，一支 6S plus 扣除材料費與製造費，大賺一萬七千元，暴利驚人，各大廠仍角力搶蘋果的訂單，爲了分到一杯羹，殺成一片紅海。但是，台灣有兩家電子大廠卻走自己的路，反而拿到訂單，價格還由他們來訂，那就是台積電、大立光。

不論大立光或台積電，在世界級強敵環伺下，憑什麼既可以搶下蘋果訂單，又可以向至尊的蘋果喊價，享有訂價權？無他，憑的就是獨家技術，只此一家，

別無分號，這是蘋果不得不讓步的原因。

在職場，有些人像大立光與台積電，在薪資上擁有訂價權；有些人像其他代工廠，薪資一路被追殺，不升反降，失去訂價權，沒有主導性。

想要拿高薪，就是比實力，還要比不乖的膽識。

不要再自我欺騙

什麼是不乖的膽識？

就是相信這句話：「企業給不起高薪，談其他都是假的；我拿不到高薪，講其他也都是假的。」

高薪、高薪、高薪，就是要高薪，不要再聽老闆談那些五四三的，什麼「公司創業維艱，現在一起打拚，以後就可以拿分紅」，不要等以後！公司的平均壽命比人短，等不到公司大展鴻圖的那一天；什麼「你的薪水再高，就會被抱怨不公平」，假的！要不然亮出全公司的薪資來比比看誰才該抱怨；什麼「公司的薪資制度不能破壞」，少來！你們拿高薪當肥貓就不是破壞制度……

高薪、高薪、高薪，就是要高薪，不要再自我欺騙，說些自己聽不下去的話，什麼「等我拿出績效，年底再去跟老闆談加薪」，不用！現在就去談，不必等到年底；什麼「我看不出自己有什麼特殊貢獻，不知道拿什麼理由去談加薪」，別客氣！現在就想出理由，想不出來就切腹吧；什麼「談薪水會讓老闆覺得愛計較，觀感差」，想太多了！老闆連你的薪水都記不住，不要說不會有觀感，而是根本沒在乎過。

這些狗屁不通的話，只有乖乖的人會信以爲眞。不乖的人對於拿到高薪有自己一套策略，從面試開始便緊緊踩住底線一路往上爬，像一頭野狼咬住獵物從不鬆口。

面試談薪水，不要再依公司規定

面試時談薪水，乖乖牌會客氣謙讓地說：「依公司規定。」那麼就等著拿最低薪吧！被問到上一份薪水拿多少，乖的人會老實說：「三萬五。」那麼新工作就等著拿三萬六吧！如果要拿這樣的薪水，何必換工作？換工作要重新學習與適應，還要面對不可知的風險，沒有多拿十至二十％，換工作就失去意義！

不乖的人一心一意要拿高薪，不想事後感到委屈或抱怨，會做好以下的功課：

．第 1 步：設定理想的薪資金額。

．第 2 步：打聽薪資行情落在哪一個區間，作爲調整理想薪資的標準。

．第 3 步：如果自己的理想薪資高於一般行情，準備好可以說服企業的理由。

．第 4 步：設定薪資談判的底線。

．第 5 步：如果非進這家公司不可，薪資卻無法達到理想，不要當下回絕或直接降價，而要說「思考三天後再回覆」或「還有兩家公司待面試」，讓對方覺得自己不是非要這份工作不可。

．第 6 步：每家公司的薪資結構不同，不必拘泥於「單一薪資金額」，可以配合改成「薪資福利組合」，比如接受津貼或獎金，最後仍可以實拿到理想金額。

薪資議價要提出一個明確的金額，設好底線，態度堅決，不要模稜兩可。一旦議定薪資，也不要再討價還價，比如「距離遠，要開車，請再多給兩千元交通津貼」「前公司有提供午餐，請再多給一千五作爲補助」，這些話才會讓企業留下愛計較的印象，對日後工作有害無益。

爭取加薪不成，就跳槽

到職後工作一段日子，評估自己有加薪的實力，就勇敢提出，不必按照公司的調薪規則來走。表現好的人一年加薪兩、三次頗為平常，表現差的人三年沒調薪的也所在多有。調薪是比實力，有實力的人永遠有例外的特權。

當然，和面試談薪水一樣，該做的功課仍然要做，該守的原則仍然要守，一項都不能鬆懈。最重要的是做出氣場來，目的是讓公司愛自己比較多，因為愛得多就會態度放軟，比如學會放消息，讓公司知道外面正在想方設法地挖角，而自己正在考慮中，公司就會重新評估你的身價，並產生失去人才的危機感。不必擔心公司懷疑你的忠誠度，因為不就是有忠誠度，才會想爭取加薪，想要留下來繼續打拚啊！

如果公司無法滿足加薪的需求，而你自認為在這家公司的階段性任務已經完成，比如累積了必要資歷、學習了核心技術、培養了關鍵人脈等，就勇敢跳槽吧！

在經濟零成長的時代，跳槽是一個加薪的辦法。因為資訊不對稱，企業無從知道你的前一份薪水，也不確定你的技能如何，更無法掌握實力程度，所以會比較願意冒風險給高薪，這是空降的新人敘薪比舊員工多的原因。覺得不公平嗎？

事實就是如此，要不然你也可以試試看。

換個方式銷售自己，薪水更漂亮

談薪水就是銷售自己，目的是賣掉，且要賣高價。銷售的方式則不拘，可以走不乖風格。

葛麗想要換工作，目標鎖定準時上下班且周休二日的工作。這樣的工作不難找，問題在於她鎖定薪水是十萬元以上，就變得異常困難。應徵的企業都想要錄用她，但是只能給七萬元，於是她轉個彎，將自己賣給兩家公司，各收五萬元，不必上班，企業都深感賺到，一一搶著埋單。

眞是一舉三得的好法子！葛麗拿到理想的薪資，有兩個工作資歷，並且時間自由，之前她想都沒想到會有這樣的漂亮結局。

別再乖乖地死守著一份工作，死守著不動的薪資，然後抱怨無法過一個具有品質的美好生活。從今天開始，每天心中默念：「高薪，高薪，高薪，其他都是假的！」

4-2

上班第一天就要有離職的準備

工作和愛情都一樣，認眞的人一定輸，愛得多的一方都是怨念最深的那個人。要在情場得意、職場勝利，不妨給自己設兩點，一個是停損點，另一個是時間點，讓自己在離去時還能保有美麗的背影。

不論工作或愛情，都要守住一個重要原則：珍惜自己、保護自己，不讓自己受傷害。如果這份愛情或工作讓自己受到傷害，不是挑戰也不是磨練，只有無止境的自責與自憐，就要勇敢喊停，不要讓傷害繼續下去，守住停損點，讓自己有尊嚴地離去。

還有另一種工作或愛情雖然不會傷害人，卻會磨掉一個人的志氣、浪費掉一個人的生命，也請勇敢設定時間點。時間一到，鬧鐘大響，該離去就要離去，不要讓這份要死不活、了無生氣的工作或愛情耗盡你最後一絲的力氣與希望。

過度依賴，會讓人墮落、不長進

不要依賴任何一段關係，不論是工作或愛情，都要有割捨的勇氣，才能保持自己的獨立性與價值感。

人生就像一趟旅行，出發之前做好規畫，看總共要去幾個地點，每個地點留幾天後就要準備離開到下一站。同樣的，職涯也要做規畫：二十幾歲時要到哪些公司做哪些事，學會些技能；學到了，時間也到了，就要出發到三十幾歲，再去一些公司做一些事，學會一些技能，而且心中要有一個鬧鐘，保持精進，準備四十幾歲具有高階競爭力時，再更上一層樓。

可是，多數人在旅行出發前會做規畫，至於職涯這樣的大事，卻不著手規畫，每到一家公司就長成一棵樹，變成植物人，賴在舒適窩不動，失去動物的行動力及生命力。怠惰成這個樣子，在生存上最危險。

二十幾歲時，我在大報社工作。當時主要是兩大報，而台灣經濟起飛，錢淹腳目，每天都有廠商捧著上百萬現金求報社刊登廣告，報社獲利頗豐，給員工的福利待遇也極優，比如免息貸款購屋等，所以我的報社是大學生嚮往的夢幻企業第一名。那時候，朋友小湯想方設法要進到報社，爲的是——

「來退休的。」

訂好離職時間，反而贏得高績效

小湯如願進到報社，也如願做到退休，卻是被逼提早退休，美其名是「優退」。小湯離開報社之後求職不易，只得接受回聘，報社砍掉一半薪水，工作則多一倍，待遇等於是過去的四分之一，後來累到生病，不得不離職。這件事讓他整個人爲之一醒，由衷地說：

「認眞盡責二十年，竟然得到這樣的結果。早知道待兩年就快快換工作，累積資歷，培養實力，比較安全。」

隨著退休新制的實施，像小湯這類一進企業就打算做到退休的人愈來愈少。但是多數人進一家公司時，仍然懷抱著一種「來了就打算好好做，除非不得已才離職」的想法，沒有訂出離職的時間表，做著做著習慣了，就此待下來，即使公司沒有制度、主管沒有肩膀、老闆沒有良心，還是一天一天過，直到風雲變色被裁員資遣，卻已經年紀一把，技能不合，籌碼盡失。

我的另一個年輕朋友莉莉剛好相反，她只要到一家新公司報到，第一天就會翻開萬年曆，在兩年後的同一天寫上兩個字：「離職」，上班的第一天就做好離職準備。

「這是我的人生，有自己的規畫，要來或要走都由我決定，不是別人！」

40萬冊慶功
雙書限量套裝
被討厭的勇氣
自我啟發之父「阿德勒」的教導
所謂的自由，就是被別人討厭。
究竟出版
被討厭的勇氣
二部曲完結篇
人生幸福的行動指南
勇敢去愛吧！
究竟出版
綜觀阿德勒思想的地圖
踏上幸福人生的指南
岸見一郎、古賀史健 著｜葉小燕 譯｜套書定價 620 元｜究竟出版

不具忠誠度，血液流著背叛因子，也許會讓人以爲老闆防著她、主管不敢重用她、同事遠離她，結果剛好相反！

妳只是過客，不跟你搶位子

「我的表現優異，又不跟大家你爭我搶，大家當然愛我。」莉莉說，她能獲得高人氣，原因在於早早設定離職的時間。這件事帶來的是好處，而不是壞處。

莉莉分析如下：

1. 時間有限，努力達標

莉莉對生涯有規畫，每個人生階段都有任務目標，到每家公司都有預定學習的技能、累積的經驗、結交的人脈。因爲有截止時間，必須按表操課，不能懈怠，所以要抓緊時間辦事，將績效做出來，達到既定目標。老闆看到莉莉積極投入，當然表示欣賞；主管有得力幫手，也就樂得交付責任，讓莉莉歷練更多，成長更快。

2. 心不在此，不介入職場政治

由於這家公司是中途站，姊也只是路過，早晚都要走人，莉莉不戀棧職位，不介入政治，遠離茶壺風暴，颱風尾掃不到她，和大家維持和睦關係，配合愉快，毫無芥蒂。奇妙的是，大家都跑來向莉莉倒垃圾，她反而變成情報中心，掌握趨吉避凶之道，遇事時可以全身而退。

3. 保持獨立，勇敢提出意見

沒有利害，就可以分出是與非。莉莉站在專業立場，提出中肯客觀的意見，心情平靜，認眞卻無火氣，使得莉莉變成同事最愛請教與商量的對象，給人熱心助人的好印象，難怪受到大家的喜愛。

保持身價，變成搶手人才

莉莉愈想走人，公司愈不想放人，拚命給她加薪，想辦法留人。外面的公司則聽到風聲，不斷來挖角，祭出高薪與高職位。這是莉莉最高興的一點，保持身價！反觀忠誠度高的同事，卻因過度依賴而遭到公司遺棄，莉莉的離職策略顯得高招。

敢不敢付諸行動離職，會影響到競爭力，也會影響到視野與格局，更會影響到心情是否快樂開朗。

敢離職，就是打算去和外面的世界一拚高下，必須注意技能是否跟上時代，擔心會不會被淘汰，還有沒有行情可以喊價，這種戰鬥意志使人精進努力、充實快樂；相反的，想賴在公司，就是打算在裡面的世界爭奪有限位子，玩大風吹，總有人玩輸出局，不只可能變得目光如豆，還會玩起陰險狡詐的遊戲。

訂好離職日期，你將會看到自己的另一面，光明而正向。

4-3 選擇大於努力

監獄關進三個人，典獄長各給他們一個可以實現的願望，美國人要三箱雪茄，法國人要一位美女，猶太人要一支電話。

三年後出獄，第一位出來的是美國人，因爲他沒有打火機，三年來只能眼巴巴地看著雪茄卻無法抽。第二位走出來的是法國人，手裡抱著一個嬰兒，旁邊則是一位孕婦牽著一個學步娃兒。第三位是猶太人，走過來緊握著典獄長的手稱謝：

「謝謝你的這支電話，讓我三年來可以和外界保持連繫，資產增加兩倍，我要送你一輛百萬名車作爲答謝。」

這雖然是一個笑話，寓意頗深，告訴我們，選擇不一樣，人生的境遇大不相同。

在糞坑或錢坑？

「開始，是成功的一半。」可是一般人都忘了這個古老的智慧，把力氣用在「開始」之後，努力勤奮一輩子，才知道自己掉進去的洞根本是一個糞坑，而不是錢坑。在糞坑裡，再努力地扒糞，也扒不到一毛錢；在錢坑裡，就算不太努力，滾兩圈，身上或多或少會黏住幾張千元大鈔。選擇大於努力，道理就在此。

選擇在哪一個坑，決定未來一生！比起來，努力可以產生的價値不如選擇。開始做選擇的時候，是一生中至關重要的時機點，中國人說「君子愼乎始」，就是這個意思。

事實上，在我們的生活周遭，隨手捻來多的是選擇大於努力的活生生例子。以下這個故事，聽起來有如神話，但它就發生在我的眼前五步之遙。

辦公室裡，一位清大文學院畢業的女生，做行政人員，臉蛋漂亮甜美，性情溫柔可人，還有一副玲瓏有致的曼妙身材，難以想像這樣的美女竟然被清大理工男生給放走。二十八歲那一年她結婚了，嫁的是小學同學，我們以爲對象是台成清交這類學校的畢業生，結果竟然是只有高工畢業的水電工。

念小學時，女生是班上第一名，男生則成績倒數。男生從小暗戀女生，但是沒敢放膽追求，多年後同學會再度相見，男生長了信心也長了志氣，用力追求女生，半年後就論及婚嫁，同事無不訝異。

男怕入錯行，女怕嫁錯郎

「你是清大高材生，他只有高工畢業，會不會太委屈？」

「不要再用這種傳統觀念看科系與就業了，我月領三萬五，他是我的五倍，我那裡會委屈，是賺到了！」

「怎麼會這樣？」

「我是乖乖牌，從小會念書，家人認爲念到名校就會有好前途，於是我一路努力念書，可是文科根本找不到好工作，拿不到好薪水；我先生就不同，他不愛念書，喜歡動手做，走技職體系，高工畢業後不升學，改學一技之長，現在已經做到水電包工，收入豐又自由。」

這就是選擇大於努力的最佳例證！有了這個頓悟，我這位女同事在婚姻上勇敢做出選擇，選前途而不是選學歷，選擇水電包工而不是白領上班族，搖身一變成爲老闆娘，幫助丈夫拓展事業，攜手共創美好前程。

輸在不選擇，而非不努力

乖的人認眞努力，卻沒有預期的成功，大家會拍拍他們的肩膀說：

「你只是運氣不好罷了。」

這句安慰話並不符合事實。成功不只靠中間過程的努力，以及最後臨門一腳的運氣，而是靠一開始做出正確的選擇。

不乖的人在剛起步時，就知道「選擇大於努力」的道理，看準風向，選擇對的目標，跳上直達車，一路風馳電掣到達目的地，屬於「搭順風車」的人生模式。而順風讓他們覺得比別人有更多的好運氣，因此對人生有更高的滿意度。

好運氣，是自己選擇來的。

從表面看來，不乖的人並沒有特別認眞勤奮，從結果看卻又比較成功，乖的人不禁怨怪老天爺不公平，氣憤自己運氣差。這個結論是不對的，因爲乖的人在錯誤的時間點做了錯誤的觀察，他們應該把觀察的時間拉到人生的起頭，就會發現不乖的人在一開始便做出正確的選擇。

乖乖牌不是輸在中間過程的不努力，也不是輸在最後的運氣差，而是輸在一開始不做選擇，或做錯選擇。是選擇決定了不同的人生結果。

搭便車的人生，並不安全

可惜的是，多數人都有選擇障礙，害怕做選擇，擔心選擇的結果不如自己所想，風險不是自己可以承擔的，於是放棄選擇，跟隨大家的背影，走上自以爲安全的道路，進入「搭便車」的人生模式。可是上車之後，被丟在半路上的例子多的是。

Ruth Chang是一位法學博士，學業與就業皆符合外在社會的期待，但是她一點都不快樂。後來決定放棄法律這一條路，改成聽從內心的呼喚，走上從小嚮往的哲學之路，以研究「艱難的選擇與決定」成爲權威。

她說，一般人在做選擇時，和她年輕時一樣，讓恐懼或擔憂控制自己的心，由外在的理由來決定自己的選擇，最後淪爲「理由的奴隸」。比如，選擇科系時參考外在的排行榜、選擇伴侶時參考外在的條件評價……這些都是錯誤的選擇，唯有聆聽內在的聲音，才可能成爲理想中的那個人，以及獨一無二的自己。

兩個原則，讓你做出好選擇

沒有一個選擇是完美選項，不論選擇哪一個，或多或少都會有失去，也都回不了頭，這就是選擇的眞相！因此，只要做出選擇就不必後悔！但是，取捨之間有沒有標準可以參考？管理顧問姚詩豪（Bryan Yao）指出，「好的選擇」具備以下兩個條件：

1. 帶來更多機會，而不是讓選擇變少

我們都是要一路走向未來的，所做的選擇將會發生在未來，因此不要站在過去或目前的時間點來做選擇，而是要看向未來，從發展前景、成長機會的角度來選擇。如果 A 公司目前安全穩定，B 公司未來前景光明，就要選擇 B 公司。

2. 選擇得到更多的，而不是那個失去較少的

做選擇是為了得到更多，不是為了減少失去——建立這個觀念很重要，如此便可以讓自己不那麼恐懼失去眼前的利益。一般人都有厭惡損失的心理，傾向於放大眼前所擁有的好處，而輕忽未來不確定的利益，做出保守的選擇。

選擇不是一個動作，是一連串的過程，後面永遠有不斷的選擇在等著。試著讓自己保持彈性，逐步調整，就有機會一步一步走到想要到達的目的地。

4-4 會偷懶才叫能幹

乖乖牌多半是「三認」一族，認命、認分、認眞，就是阿信那一款，也是讓人氣得要命卻罵不下去的那一款，還會深感愧疚，連這麼三認的人都要罵是不是太沒天良？心裡挺疙瘩的。

「已經兩星期過了，還沒有任何進度，怎麼會如此沒有效率？」老闆氣得橫眉豎眼。

「可是，他認眞肯做，每天加班到晚上，這樣的年輕人現在找不到了。」主管一邊忙著給老闆消氣，一邊替屬下找理由。

「唉……做不出進度，看不到結果，過程再認眞也沒用！」老闆不禁長嘆一口氣。

只有苦勞沒有功勞，注定被淘汰

不乖的人剛好相反，是「三不」一族，不那麼認眞，不太加班，主管交辦的事項還敢拒絕不做，看起來好像滿偷懶的，辦起事來卻乾淨俐落，神不知鬼不覺，弄不清楚他是什麼時候做的，又是怎麼搞定難題，讓主管想要稱讚卻有一種稱讚不下去的感覺，擔心連這麼不聽話的人都對他拍手叫好，豈不是壞了辦公室風氣，委屈了認真的好人？心裡挺矛盾的。

「咦？沒看到他在忙，怎麼就完成了？」老闆疑惑地問。

「是啊！不過，他有刪除部分工作，堅持不做，理由是那些部分無關主題。這麼一來，省下不少時間和力氣。」主管小心翼翼地解釋著不乖的屬下有多麼不乖。

「是嗎？整體看來，倒是看不出來有少掉那些部分，效果也不錯，可見得那些環節不是挺必要的。」一向機歪的老闆這時候被績效魅惑，一時失心瘋，沒碎念那些先斬後奏被刪除的環節，讓主管鬆了一口氣，心裡念著阿彌陀佛。

乖乖牌認眞勤奮、流血流汗、忙裡忙外，向老闆爭取加薪時，常常會搬出這些話：「我很認眞！」「我每天加班！」「星期假日我還把太太小孩一起帶過來幫忙！」拉里拉雜說一堆，還閃著淚光，老闆還是不給加薪，這說明了什麼？乖的人只看到自己的「苦勞」，可是老闆想看到「功勞」卻看不到。

在這個高度競爭、績效掛帥的年代，沒有企業會欣賞這種乖乖牌。只會苦幹、實幹、蠻幹，這些都不是眞正的能幹。對於企業來說，過程不重要，結果才重要！

但是，光有結果也不夠，他們要看的是效果，有效的結果！如果做出來的結果沒有效，達不到目標，也是一個屁。

愛迪生說九十九分努力，誤導了我們

從小，我們就看愛迪生的故事，最記得他的這句話：「天才，是一分的天分，加上九十九分的努力。」聽了一輩子，只要看到有人偷懶，就像看到蟑螂，非得一腳踩死不可，絕不讓牠們倖存而危害人類。

可是，阿里巴巴集團的創辦人馬雲卻在一場演講說，世界上很多非常聰明且受過高等教育的人無法成功，就是被愛迪生的這句話誤導一生，養成勤勞的惡習，最終碌碌無為。馬雲認為，愛迪生是因為懶得想他成功的眞正原因，才編出這句話來誤導我們。

這位連肉都懶得長、瘦小得像一名外星人的企業大老闆堅信：「想偷懶是好事，因為偷懶才會改變現狀。」無獨有偶，日本知名的人才培育顧問松本幸夫也推崇偷懶精神，他說：「擅於偷懶的人，才是眞正的工作達人。」

松本幸夫認為，偷懶分兩種，一種是壞的偷懶，是指沒有做好自己該做的工作；另一種是好的偷懶，是指「用最小的勞力，換取最大的成果」，有效增加手頭上「可利用的時間」，讓心力集中在自己最擅長、最能展現成果的事情上，而不該自己親自動手的事，他們絕對不碰。

不想偷懶，其實是最懶！

乖乖牌是過程導向，很會 play hard，以爲努力勤奮就是模範員工，值得表揚嘉獎。其實，他們是觀念老派、思想過時，認爲偷懶是逆天，才會被時代遠遠拋在後面，最後消失在路的盡頭。

不乖的人是目標導向，很會 play smart，唯一的焦點就是達到目標，過程只做可以達標的工作，凡是不能達標的，一概叫作浪費時間和力氣，一筆劃掉，全部刪除，聰明地工作。因此，不乖的人有一個法寶：懂得偷懶，並堅持「會偷懶才是能幹」的硬道理。

說到這裡，迷霧散去，眞理浮出：原來乖乖牌不是輸在努力勤奮，而是輸在不想要偷懶。不想要偷懶，就會懶得動腦筋改變，懶得處理改變後的不確定因素，懶得面對拒絕別人之後的難堪……說穿了，他們才是懶人天字一號！不知變通，不求改善，不會進步，無法幫公司節省成本與創造利潤，這樣的懶人套句年輕人在網路上的流行用語，恐怕連魯蛇都稱不上，而是淪爲廢渣，當然要被淘汰。

偷懶雖然是天性，但是因爲過去數十年不當教育的結果，要回復它仍然需要強大的自我覺醒能力，以及抵抗外人眼光的意志力，還要一連串的練習。

「懶不是傻懶，如果你想少幹，就要想出懶方法，懶出風格，懶出境界。」馬雲提倡的「懶文化」不是在教人要懶，其實就是做一個不乖的人。不乖的人偷懶不僅要有方法，還要讓別人心服口服。這，這，這眞的是到了一個無敵的境界！

會偷懶不難，簡單六個秘訣

1. 限時工作

不要把加班當作習慣，將工作時間縮短，準時下班去，結果是產值不變，效率大大增加。比如：每天原來工作十小時，改成八小時，會發現事情沒有少做，還可以和朋友聚餐唱歌，生活品質佳。

2. 拒絕工作

對於乖乖牌來說，拒絕是天大的難事！那麼，何不用一種「情非得已」的方式加以婉拒：「如果不是還有這些那些事情要忙，我眞的想幫忙……」不要怕演很大，一定要演到讓對方覺得自己十分惋惜遺憾，不是不願意幫忙。

3. 只做「非我做不可」的事

別人做得來的事，就讓別人做，不要覺得所有事情都要攬在自己身上才算是盡責。讓別人也有機會盡責，不也是功德一件？而非要自己做不可的事，就勇敢扛下來，讓別人看見自己的能耐與價值。

4. 先做高產值的事

八〇／二〇法則，用在工作上最適合不過了。乖的人吃雞腿便當，一定先扒飯再吃雞腿，常常飯吃完了，肚子飽了，雞腿只吃一、兩口。同樣的，他們在工作時，都先做費時的部分，花八成力氣做完後，已經沒有力氣再做高產值的事。因此，順序倒過來，先做會產生八成產值的部分，它們只需要花費兩成的時間與力氣，很快的，別人就會看到有八成效果出來，大讚有效率。

5. 重複的事自動化

乖乖牌忙來忙去，常常是例行性事務，內容重複，都是瞎忙，何不想辦法自動化？可以讓電腦做的事不要讓人腦來做，可以用手機 APP 幫忙的事不要勞動自己，善用 3C 產品與軟體讓工作自動化，也讓自己變得聰明。

6. 專心偷懶十五分鐘

別以為只有台灣人有午睡習慣，歐美很多名人都是這麼偷懶的，像發明家愛迪生、英國首相邱吉爾、石油大王洛克菲勒，甚至甘迺迪總統是在床上用午餐，之後就順勢往後一倒睡大頭覺去了。除了午睡，工作中間定時偷懶也是一種個人風格，而且偷懶就偷懶，一定要專心偷懶至少十五分鐘。

別再埋頭苦幹了，難道要等到哪一天老闆指著你罵：「不長腦，連偷懶都不會！」才要清醒過來嗎？

4-5 改搭直達車，不必每站都停

搭高鐵時，大家都知道車班有兩種，一種是每站都停，一種是直達車。從台北到高雄當然選直達車，不會選每站都停的車班，「又不是腦筋壞了！」

可是，碰到考研究所、拚事業、賺大錢這些事，一般人居然會去搭每站必停的慢車，以為流血流汗才算是夠努力勤奮，得到的成功才值得表揚，這不是腦筋壞了是什麼？難不成以為每站可以打卡集點，或累積勳章什麼的……一樣好處也沒有！說到底，不過是白花力氣、浪費時間罷了。

而乖乖牌就是死腦筋！做任何事都堅信腳踏實地，按部就班，一步一步來，寧繞遠路也不走捷徑，認為抄近路代表不願意努力、投機取巧，是正人君子不為的可恥行徑，殊不知是自己沒有用腦筋，將對的方法用在對的時間地點。

成績不好，也能考上台大電機研究所

「大人學」網站的創辦人姚詩豪曾經寫過一篇文章〈自強號的人生〉，寫到一位年輕人考上台大電機研究所的神奇故事，對於奉行循規蹈矩的乖乖牌來說，是一場震撼教育。

這位主人翁在大學念的是冷門科系，不上課、不讀書，在校成績普普，半數以上科目是六十分邊緣低空飛過，倒也讓他順利畢業了。大家聊起未來的夢想與方向，他竟然豪氣萬千地說：

「我要考上台大電機所，然後進聯發科。」

大家一聽，下巴都掉下來了……因為他念的不是電機系，還要考上第一志願研究所，簡直是天方夜譚！於是他和大家打賭，如果他考上，就請他到五星級飯店大吃一頓。隔年放榜，他如願進入台大電機所，同學萬般好奇問他怎麼辦到的，這位主人翁神秘兮兮還賣個關子，說道：

「其實去年和你們打賭之後幾天，我就進了台大電機。」

一聽，同學的眼珠子掉滿地，紛紛要他解釋清楚。他慢條斯理地說起原委，大家才恍然大悟，異口同聲地直呼：「想不到還有這麼一招啊！」故事裡的男主角用的方法是這樣的：

「這一年來，我沒去補習班，也沒有像你們想像的那樣懸梁刺股，而是去台大電機系，針對我想念的那一組，旁聽所有的課，除了期中期末考外，幾乎每堂必到。後來教授都認識我，對我印象不錯。總之，就這樣順利考上了！」

一次到位，是不道德的行爲？

姚詩豪自承是按部就班的人，如果要考研究所，會和一般人一樣，乖乖找間補習班，苦讀個大半年，期待隔年金榜題名，達成目標的方法就像莒光號一樣每站都停。可是這位主人翁的行徑與一般人大異其趣，不這麼乖乖辦事，直搗黃龍，一步到位，就像自強號一樣直達終點站，省時省力，令他非常佩服。

大人常會罵孩子不切實際，「整天就想一步登天，哪有這樣簡單的事！」或是罵孩子不務正業，「整天就想一夜致富，哪有這等便宜事！」可是回頭看看這些大人，緊抱著「古有明訓」，結果並沒有事業成功、發財致富，可見得這一套說法是徹頭徹尾出了問題，根本不足爲信。

這些食古不化的大人都有一種奇怪的思維，鼓勵努力勤奮，貶抑聰明做事，好像要大家有手有腳，卻不要有腦。而這樣的二分法，也在分裂族群，好像人只有兩種，一種人努力勤奮，另一種人投機取巧，彼此老死不相往來。

事實上，乖乖牌只靠努力勤奮，不過是使蠻力！不乖的人靠正確的分析判斷，勇敢做不一樣的選擇，這是使巧力！做事要成功，靠的是巧力，不是蠻力。

地產天后，靠有錢人致富

多年前，我認識一位來台灣念書的東南亞僑生，外表優雅，談吐大方，一派大家風範，令人印象深刻。四年後畢業，她選擇回僑居地，不想留在台灣的僑生圈裡打轉，成爲給人打工的窮上班族。憑藉著在台灣取得的一紙漂亮文憑，她成爲僑居地首富的秘書，打開進到上流圈的大門，從此往來無白丁。

每天幫老闆打點大小事，從公事到私事，接觸到的都是當地最有錢的一群人，而且是整個家族上上下下都認識。多年後，這些人脈都變成錢脈。後來她移民美國，正值房地產狂飆，她就去考不動產經紀人執照，幫老家的富人投資美國房地產，以錢滾錢，自己也搖身一變成爲地產天后，成功致富。

「人在哪裡，錢就在那裡。」她歸根結柢下一個直接的結論，「想要致富，就直接走到富人聚集的地方，和富人打交道。」

和她同期的東南亞僑生，都是上班族或小老闆，經濟小康，只有她發大財。這當中的差別在哪裡？其他僑生是乖乖牌，走的是一般人遵循的軌道，搭的是一般人乘坐的每站必停慢車；她不是，搭的是直達車，一路直奔目的地。

「中間那些停靠站，不是我的目的地，毫無意義，毫無價值，當然要捨棄！」地產天后說，「我的目的只有一個，而且就是要一步登天、一次到位。」

一步登天，不用才蠢！

考研究所都要面試，這是最黑箱作業的一個部分。誰是關鍵人物？是面試的教授！乖乖牌只會拚讀書，在筆試上下功夫，以為實力掛帥；不乖的人則知道「有關係就沒關係」這一層道理，雙管齊下，筆試與面試兩邊都拿分，先爭取在教授面前的能見度，搏取好感，這樣下功夫還上不了榜才有鬼！

想要賣地產，乖乖牌會在三十七度的大熱天，穿西裝打領帶，到菜市場發傳單，賣單坪三十萬元的老公寓；不乖的人則穿著名牌polo衫，去參加有冷氣吹的紅酒品嘗派對，認識有錢人，賣單坪百萬元的豪宅。最後，誰賺得多？誰致富得快？當然是不乖的人！

別再假道學，也別再虛僞，更別再自我欺騙，它們都是假的，唯有達到目的是眞的。搭直達車不是壞，搭每站必停的慢車才是蠢；能一步登天不是壞，爬一○一大樓喘得要死也上不了天，這才是蠢。

4-6 公主情結，會讓你失去王子

卡通電影裡，豪華的宴會廳，一對一對男女翩翩起舞。這時候，鏡頭轉移至左邊樓梯，緩緩走下一位公主，在還有三階處停下來，倚著欄杆望著偌大的舞廳，靜靜等著王子走過來請她跳舞……

時間一分一秒地過去，在焦慮的等待之後，等來的可能是尷尬……

萬一王子不理我，後面的人生要怎麼演下去？

萬一，搶先一步來邀舞的是一位大叔，公主禮貌性地婉拒之後，大叔仍然鍥而不捨硬是邀舞，而王子沒有要跳出來英雄救美的意思，公主怎麼處理這位牛大叔？

萬一，另一位美女橫裡殺出，直接在舞池裡攔截王子，相擁起舞，相談甚歡，王子的眼裡再也看不到第二位美女，那麼死也不自己下樓的公主要等到什麼時候？

放心！卡通電影不會讓孩子失望，演出的劇情一律是：除了高富帥的王子外，沒有人會趨前邀請公主跳舞，不會碰到以上兩個萬一的意外場面，最後一定讓公主的等待是值得的。

可是，現實人生是這樣的嗎？當然不是！公主傻等，等來王子上前邀舞只是「萬一」，而大叔邀舞或壞女人搶走王子，才是「一萬」個會發生的情況。

那麼，公主為什麼不走下樓梯，上前暗示王子邀舞呢？因為這樣就不是公主了，很多擔心害怕跟著浮上來，比如與身分不合、破壞形象，萬一王子拒絕，國家顏面盡失……一切的擔心，一切的害怕，都是自尊和面子在作祟。

這些公主，過的是一種被動等待的人生。

她們堅持不主動出擊，因為不想遭遇被拒受挫的難堪，於是一直高傲挺立在樓梯口，即使等來的人生結果不如預期。壞女人正好相反，她們不在意面子問題，只在意人生結果，喜歡王子，就想盡辦法、使盡手段讓王子來邀舞。

公主只有一個，可惜我們不是那一個

一種是公主人生，一種是壞女人人生，你選擇哪一種？

在現實的人生裡，不論是愛情或職場，大部分的人都選擇公主人生，看似驕傲，其實是脆弱！

承受不起任何失敗與丟臉，索性就不設定人生目標，即使有也不敢主動爭取，寧願花一輩子在等待，等待王子親她一下臉，幫助她甦醒過來，或是等待仙女了解她的渴望，用仙女棒點一下而夢想成眞。

後來呢？王子有太多選擇，沒看到她們；而仙女太忙，還沒排到檔期給她們……即使遭逢如此的重大挫敗，公主畢竟是公主，自有一套邏輯可以掏出來自圓其說：

「壞女人會使手段，還好我沒變得那麼壞心眼！」

看著王子和壞女人舉行結婚盛典，站在一旁的公主會這麼解讀：

「王子好可憐，沒看到我的好！」

後來，壞女人接手治理國家，成爲女王，公主還是會拍拍胸脯慶幸：

「女人何必這麼辛苦，還好我一直在樓梯口等著，沒跟王子跳舞……」

公主喜歡王子，討厭壞女人，其實壞女人不過是女版的王子。王子長大成人，離開家鄉到處遊歷，過關斬將奪得寶物，或運用智慧贏得美人歸，證明能力。壞女人要做的也是這些，如果王子被稱讚是智勇雙全，那麼壞女人則是德慧雙修。

一個國家只有一位公主，一個王子只能娶一位公主，可惜我們都不是那一位公主。那麼，請走下樓梯，加入舞池，勇敢爭取你要的！過程中會發現，原來最大阻礙不是來自別人的冷嘲熱諷，而是自己那張薄薄的臉皮，放下它吧！

皇冠，是自己戴上的

在愛情裡，老是被一些蒼蠅男嗡嗡嗡追來追去，好不厭煩嗎？那是因爲你是砧板上的那一塊肉，動也不動，死等在那裡，當然只能招蒼蠅。

不要只是抱怨，走下樓梯進入舞池，邀請你中意的男生跳舞。他們也會害羞或擔心被拒，你的主動示意讓他們鬆一口氣。

即使後來對方拒絕了，不代表他不能接受你的表白或暗示，而是他覺得和你不合適而已，是人的問題，不是方法的問題。所以，不必放棄追尋，而是要繼續努力追尋，直到找到認爲彼此合適的理想男伴。

在職場裡，老是別人占到重要職缺或升上主管，心裡挫折嗎？那是因爲你總站在原位子動也不動，等著老闆關愛的眼神飄向你，重用你，可是總有人比你快一步跑到老闆面前，說自己好棒，向老闆爭取機會給他表現。

贏得位子的人，不見得能力最強，但絕對是敢說敢要，自信最足，臉皮最厚，可以爲了目標降低自我、放下自尊，忍受譏諷與挫敗。光是這幾點就已經具備強人姿態，老闆當然選他不選你！

下一次，請直接一個箭步走到老闆面前，讓老闆看到你，不要再被這些閒雜人等擋在你和老闆之間。

每個人一生都要有一頂皇冠，而我們是一般人，不是公主，這頂皇冠不可能等著等著便有人幫我們戴在頭頂上，而是要自己爭取來，所以不要再傻等了！

4-7 厚臉皮的人最幸運

乖乖牌，都很容易受傷，因爲他們的臉皮太薄！在意別人的眼光，放不下自尊與面子，敏感而容易受傷，在前進的路上給自己設下很多障礙。

——會不會給對方帶來麻煩與爲難？眞是不好意思開口！

——萬一對方拒絕，多尷尬啊！想了再想，最後縮手放棄不做。

——這樣做有點小人作風，於是七折八扣守在安全底線，不敢往前多跨一步。

瞻前顧後，三心兩意，結果當然做得不如預期，未達目標。這時候，臉皮薄的人都會無奈地說上這麼一句，給自己台階下：

「我就是臉皮薄。」

這麼一說，反倒是把自己往上推了一個檔次，自我暗示是一個講究羞恥、充滿道德感的正人君子，而君子取之有道，所以失敗是預料中的事、可以接受的結果。因此，「臉皮薄」眞是好用！做事之初是一道自我保護的城牆，做完事則成了自我開脫的理由，周圍朋友還會附議：

「是啊，你就是臉皮薄了點，不像有些人臉皮厚。」

這些安慰之詞不過取取暖罷了，又有什麼用？目標還是沒有達成，夢想仍然愈來愈遠，人生不變地充滿抱怨與不滿意……

成功之後，厚臉皮變成傳奇故事

相反的，不乖的人都有些厚臉皮，不會放大自尊與面子，把自己壓得喘不過氣來。他們的心裡眼裡只掛記著一件事情，就是專注於想做的事，鍥而不捨，不屈不撓，遇到瓶頸就想盡辦法突破，或是一再拜託別人提供機會與協助。

這一路上，很多人不看好他們要做的事，嘲笑他們是傻子，或是看不慣他們死纏爛打的作風，譏諷他們不要臉。等到意外成功了，這些人彷彿得了失憶症似的，全都迎上來讚揚，缺點變成優點，厚臉皮事蹟則是掛滿身上的勳章。

成功之前，別人一臉厭煩地說：「不行就是不行，你再上門求一百遍，還是不行。」

成功之後，別人會改口說：「我一直很欣賞你不畏挫折艱難，具備成功特質。可以一路看著你飛黃騰達，備感榮幸！」

成功之前，別人滿嘴不屑地說：「你這個產品功能低、賣相差，一定很快下架。」

成功之後，別人會改口說：「你的產品有特色，我早就知道會大賣。你眞是眼光獨到，可以預見未來的市場走向！」

所以，厚臉皮不過是一個必要的過程，而不是蓋棺論定的性格注解。一旦成功，厚臉皮歷史都將一一改寫，獲得肯定，成爲大家羨慕的優良品格。

「你居然可以這樣ㄌㄨˊ，百折不撓，意志堅強，讓人敬佩！」

「羨慕你永遠保持樂觀，陽光一百，眞希望我也能有這樣正面的個性！」

臉皮薄，注定要吃悶虧

可是，乖的人都是事前臉皮薄，事後懊悔不已。小瑟就是這樣一個薄臉皮，他耳聞主管有隱疾：便秘，上網查到火龍果可以緩解便秘，於是每天專程繞道買一顆火龍果，在主管來上班之前悄悄放在桌上，連續放了五天。

到了第五天中午，同事喬志用完中餐，在附近超商隨手買一根香蕉，回來後雙手遞給主管，還特別加強說明：

「這根香蕉是有履歷的。」

「原來，火龍果是你買的。」主管一副恍然大悟的樣子。

「多吃水果，對身體好喔……」喬志沒有細究主管的話，只是再補上這一句日常提醒。

這一番對話，把在一旁的小瑟氣炸了，卻因爲臉皮薄，不好意思跳出來自承火龍果是自己買的。左思右想之後，小瑟什麼話也沒說，自此以後對喬志卻成見十足，認定他是一個厚臉皮的人，巴結上司，不擇手段。主管這一方，卻因爲感受到喬志的關心，而產生微妙的化學變化，開始注意喬志的表現。

厚臉皮，會想辦法達成目標

隔幾天，主管要推一個專案，完成時間倉促，必須馬上找到三十位時薪人員幫忙。他交派小瑟與喬志兩人去做，可是只能付給政府規定的最低基本工資。

小瑟心想這麼急、時薪低，如果找昔日經常合作的工讀生勢必遭到拒絕。臉皮薄的他上網刊登徵才訊息，心想如果被拒，反正不認識，也就無所謂。可是刊登三天，沒有一封應徵函，心急如焚。

喬志則估量了一下，厚臉皮地打電話給昔日合作的工讀生，但是在話術上做了一個大轉彎，降低賺錢的重要性，轉移工讀生的注意力，讓他們覺得這個打工機會好玩有趣，還能助人，充滿意義，以強化動機。

「這個專案，每天工作三小時，就可以幫助窮孩子有一個便當吃。」

出乎意料的，工讀生聞訊後，自動自發轉貼這個徵人訊息。喬志很快找到足額人力，還有多餘人力分給小瑟。

小瑟一點都不感激，覺得喬志避重就輕，不夠老實，沒把工作內容說清楚，故意誇大其中一個微不足道的目的，把工讀生騙過來，不夠光明正大，臉皮厚到令人不齒。相反的，主管卻很欣賞喬志提升了工讀生對這件事情的成就感，如期達成徵人目標，順利完成專案。

臉皮厚，福氣也厚

後來，主管選擇喬志升爲主管，大幅加薪，再度把小瑟氣炸，抱怨不公平！自己的資歷深，工作認眞努力，主管則只看見喬志的績效表現。

「這世界上，什麼好事都給厚臉皮的人霸住了。」

小瑟說得對！厚臉皮的人的確比較幸運，好事都落到他們頭上，臉皮薄的人似乎福氣眞的也薄。可是，如果這個世界如此不公平，爲什麼是喬志成功，而小瑟失敗？所以，一個人成功或失敗，原因——

「不在於世界是什麼樣子，而在於你是什麼樣子。」

臉皮厚受的傷是一時的，而且是內傷，沒有人看得到；臉皮薄受的傷卻是一輩子的，而且是外傷，人人都看得到。這個肌膚移植手術，不妨早一點做，早一點享受自由空氣，也早一點享受自在成功人生。

4-8 長心眼、有心機，掌握人性！

人力銀行做過一項調查，發現職場最受大家討厭的三種人，分別是心機鬼、自私鬼、雙面鬼。心機鬼高居排行榜第一名，可見得有多麼讓人厭惡！

「你好有心機！」

這是罵人的話，表示對方是壞人。被罵的人一定是否認，百般證明自己善良純眞像孩子一樣，因爲唯有像孩子一樣純眞，才會受到大家的喜愛。

事實並非如此！

「你好天眞！」

很多人也不以爲這是一句稱讚，反而是暗指不諳人情世故，老是在狀況外。職場裡，如果共事的都是一些毫無心機、天眞爛漫的人，結果將不是一個令人期待的美麗天堂，反而是一團烏煙瘴氣，讓人想逃離的火煉地獄。

任誰都有心機

心機，屬於高段的心理戰術，也是達成目的的策略性手段，旨在充分洞悉對方的人性之後，做出務實有用的回應，引導整個局勢朝向對自己有利的結果發展。

面對人性時，乖乖牌在腦海裡建立起一個烏托邦，充滿道德教條，他們排斥眼睛看到的眞實世界，以及視爲醜陋的人性；相反的，不乖者正視人性、洞察人性，了解需求之後，給予滿足。他們的處世態度大相逕庭，而人生的樣貌也天差地別。

在乖乖牌的世界裡，人與人之間，應該是喜歡就喜歡，不是有人送禮物才喜歡對方；在不乖者的世界裡，送禮物能讓人喜歡，就去滿足對方，至於喜不喜歡倒是可以慢慢培養。

在乖乖牌的世界裡，人應該要聽直言，而不是聽美言；在不乖者的世界裡，先講美言讓對方開心，至於直言不急，等到合適機會再說會更有效！

在乖乖牌的世界裡，主管應該就事論事，講求公平正義；在不乖者的世界裡，人沒有生而平等這回事，不公平是人生常態，所以要努力爭取！

在乖乖牌的理想世界裡，充滿應該這樣、應該那樣的繩索，將人五花大綁在一個禁錮裡。長期的制約，讓乖乖牌忽視與抹煞人性，而任何的心機運用都會讓他們寢食難安，覺得有愧於父母的教養……最終，在待人處世上，出現難以突破的心理障礙。

心機，是一種策略性作法

在高爾夫球場中，最受客戶歡迎的桿弟，是會偷偷幫客戶進關鍵一洞的桿弟。他們懂得先建立客戶的信心，增進手感，愈打愈順，最後讓客戶贏球。反過來站在客戶立場來看，他們樂於和這樣的桿弟配合，感覺上幸運會來敲門，給的小費自然少不了。

使上一點心機，桿弟賺到小費，以及客戶的信賴。

在田徑場，體育老師對著百米短跑落後的學生說：「你屬於耐力型的跑者，有長跑的潛力，加緊練習，很有機會成為長跑選手。」學生的注意力不再集中在讓他挫敗的短跑，反而鬆一口氣，認為之所以短跑輸了，是因為更適合長跑，「原來我的潛力在此！」於是，學生每天不斷練習長跑，後來眞的當上長跑選手。

使上一點心機，老師幫學生建立自信，也得到一個對長跑充滿熱血的選手。

一個善意的謊言、一個善意的心機，避免對方受傷害，也達到自己的目的，製造雙贏，人生過得更成功快樂！這樣的人，大家歡迎都來不及，根本不會討厭他們。

心機，處處都可以活用

阿堤是一個做人有心機、做事有手腕的典型，沒有人討厭他，反而認為他具備成功者的特質。有人還偷偷崇拜他，當作標竿人物，模仿著他的一言一行。

我第一次見到阿堤時，他的第一句話是：

「好面熟，我們在哪裡見過嗎？」

老實說，這是酒吧釣妹的爛哽！但是在他一臉眞摯的表情帶動之下，我們居然認眞地推敲起可能重疊的朋友圈，說著說著，倒也給我們找出幾位共同朋友，彼此距離一下子拉近不少。他告辭之後，我鄭重地向老闆報告阿堤的案子，並說了不少美言。

有一次，他的夥伴出了差錯，阿堤沒有疾言厲色，而是把他拉到一旁說話，劈頭卻是直搗黃龍，挑明問題：

「你眞的很粗心！」

眼看著夥伴的臉掛了下來，空氣溫度疾速下降，阿堤馬上再補一句：

「但是，你剛剛的簡報做得太有說服力了！」

被這麼一誇，一個大男人吔，他夥伴的眼眶紅了起來，並充滿驚喜地向阿堤道謝。眞是有鬼，阿堤明明罵他粗心，他居然向阿堤稱謝，怎麼會這樣？

關鍵，就在說話的順序！一般人都是先說好話，再說壞話，聽的人泰半不舒服，認爲重點是在後面那句壞話。阿堤相反，先說壞話，讓夥伴的心情跌至谷底，再用稱讚將其心情拉上來，製造高反差，簡直是在操控夥伴的情緒！妙的是，夥伴在意的是他結尾時的稱讚，不覺得阿堤在責怪他，同時也記得下次要細心。

想學心機，先學這三個特質

善意的心機，是爲了達到目的而使出的一種策略性手腕。乖乖牌只要具備以下三個特質，自然而然簡單上手！

1. 眼利

察言觀色，小處著眼，是職場上重要的觀察力！一個人是否白目，端看有沒有這個眼力，包括看出來誰是決策者、誰是麻煩製造者等。

2. 心細

心思細膩，做事細緻，待人圓融，寧願多想一些、做事慢一步，周到總比魯莽容易將事情做好，也會讓對方感受到尊重。

3. 嘴甜

不是奉承巴結，而是要說出對方的優點，發出眞心的讚美，讓對方覺得被注意到，而散發出信心，並且期待再看到你。

在職場上，快不快樂取決於人際關係，而一個沒有心機的乖乖牌，會讓別人受傷，成不了事，並不受歡迎。相反的，發揮善意的心機，利己利人，才能眞正贏得友誼。

| 第五部 |

不乖是一門學問

不乖，是一趟重新翻造自己的旅程，充滿自覺的學習，從外顯的行為到腦子裡的觀念一併打掉翻新，讓別人看到一個自然天生的不乖分子，自然地接受，自然地配合，自然到好像這個世界原來就是長成這個樣子。

5-1 經營一種不乖的氣場

人生，是一連串的心想事成。

很多人以為，自己的人生不是自己選擇出來的，但實情是，它就是自己選擇出來，讓它變成現在這個樣子的。不管喜歡或不喜歡這個人生，都是自己造成的結果。

看自己時，總是不準；看別人時，卻都很準。那就看看別人吧！

在我們周遭，是不是一眼就看得出來有些人注定要乖乖過一生，有些人就是會一直不乖地走到生命終點？可是，他們的外表明明看起來差異不大，卻是隱隱透著不同，這就是所謂的「氣場」！

你不必開口說，別人就會跟隨你

在職場，對於乖乖牌和不乖的人，同事和主管的態度截然不同，不必誰逼，自然而然就產生差別待遇。

對於乖乖牌，大家習慣輕忽他們的存在，很少聽取他們的意見，也很少主動撥給資源；可是對於不乖的人，不論位階高低、工作重要性，他們即使站在角落，聚光燈一定打到他們身上，你無法不看見他們，他們永遠是一個龐大的存在，永遠是職場的亮點。

有一屆金馬獎頒獎典禮，台上站了三位電視綜藝節目主持人，玩位子大風吹，其中一位是吳宗憲，只見他一臉臭屁地說：

「我在哪裡，那裡就是中間。」

這就是氣場！在這個短劇裡，吳宗憲傳遞出一個訊息：「我才是當前走紅的綜藝大哥大。」，觀眾看了，哈哈大笑，送上如雷掌聲，無疑就是認可了。

氣場就是這麼微妙。展現出哪一種氣場，傳遞出哪一種訊息，一開始別人或許會質疑或嘲笑，但是說久了，別人就會相信，並且默默跟隨，被牽引到你心裡想的那個人生樣貌裡。

在改變別人對自己的看法上，每一個人都可以發揮力量並心想事成，關鍵就在於掌握「氣場」這個秘密。

做出不乖的氣場，就會得到不乖的命運

乖乖牌的氣場，是把別人當主角，將自己當配角，先考慮別人的意見，捨棄自己的看法；在乎別人的感受，覺得比自己的感受還重要；只要別人要做的事，他一定配合，卻忘記自己也有目標；永遠點頭說「是」，不想讓別人難堪或不開心……

不乖的人正好相反，他們是自己人生永遠的主角，而別人是過客；他們很清楚自己的目標，掌控人生，舉手投足散發出一種力量，讓周圍的人自然而然退出他們的領域範圍，給予尊重，即使有不同意見，別人也會用平等的態度來和他們打交道。

這個反差，讓人不得不承認每個人的思想是有氣場、有能量、有吸引力，想要什麼，訊息就會發射到宇宙中，宇宙就會響應這個想法，打開一條通道通往那裡，讓人得到想要的。

乖乖牌的氣場，弱到別人接收不到

潔生從小是乖寶寶，不讓大人傷腦筋，不必費心教養，父母和師長都很放

心；到了職場，潔生順理成章地成了乖乖牌，不具威脅性、無毒無害，容易相處，配合度高，是好用的萬能工具人。

請潔生多做一些工作，聽到的總是一疊聲的「好！好！」詢問潔生意見時，他的回答都很簡單，也沒有過例外，就是一句：「都可以！」

開會時潔生不太發言，搶著做紀錄。輪到他發表想法時，就說：「我的看法和前面大家差不多。」

主管與他討論未來的發展，比如輪調、訓練、升遷等，潔生的回答都很官方：「依公司規定。」

乖乖牌的氣場弱，發出的訊息模糊，成為一個缺少記憶點的隱形人、一個不具存在感的透明人，讓人一個不小心就將他們遺忘在角落裡，提到他們時，大家只會說：「這是一個好人。」

作為一個乖乖牌，抹煞自己的意志，全心全意配合，潔生得到了什麼？當別人加薪時，沒有他，因為主管想不出來潔生有什麼特殊貢獻；當別人有機會免費出國考察時，沒有他，因為主管擔心他回來寫的報告是「沒有意見」……

不乖的氣場，連老闆都會埋單

瑪莉是另一種典型！同事覺得她有些難惹，主管認爲她有些棘手，卻都喜歡和她一起工作，因爲瑪莉有獨立思考與判斷的能力，遇事自有定見，也懂得堅持與讓步，最後都可以找出最佳解，達成目標，合作夥伴都充滿成就感。

有一次，老闆交代開發一項產品，瑪莉認爲那項產品行不通，表示要另行開發。老闆非常生氣，但是等到其他團隊開發出來之後，發現眞的行不通，回過頭來使用瑪莉的產品。老闆對瑪莉的評價是：

「很不乖，但是很好用！」

一般人擔心職涯安危，態度上總是唯唯諾諾，瑪莉不一樣，之所以敢於不乖，做出專業，活出自己，是因爲在報到的第一天，就訂出離職日，只要日期一到，完成階段性的職涯目標，便毫不戀棧地轉身離去。感受到了瑪莉的決絕，老闆也做出明顯的回應，一逕客客氣氣、輕聲細語，釋出善意與尊重，一年加薪兩次，羨煞同事，大家不禁讚嘆瑪莉是——

「命有夠硬，氣場有夠強，她實在是太幸運了！」

氣場雖然看不見，力量卻是巨大的，無時無刻不在影響著人生，決定著一個人的運氣和命運。

如果你覺得自己的努力老是不被注意、意見老是不被採納而委屈難過，同時又羨慕別人能自在地表達意見，有任何績效都會被放大，何妨回過頭檢查自己的氣場？也許，自始至終，你傳遞的都是一個與你心意相違的訊息，那麼就快快調整吧！

羨慕不乖的人生嗎？

從今天起，在靈魂深處，種下一顆不乖的種子，改變觀念，改變思維，然後每天固定澆水灌溉，讓不乖發芽茁壯，長大到成爲一個氣場。接著，從內在延伸到外表，不論言語、穿著、行爲等，都要注意到發出去的訊息必須準確，別人才能予以正確的回應。

用職場的說法，這就是經營形象，找出自己的市場定位。

5-2 形象不乖，才有記憶點

乖乖牌，常常會有受氣包的感受，內心充滿委屈與不平，他不懂自己認眞做事，待人親切有禮，爲什麼結果總是不如預期，而且是一百八十度的落差。

明明是乖乖牌做會議主席，即使要開口也被打斷。

明明在問乖乖牌工作進度，但是一開口，老闆就轉移話題岔到別處去。

明明工作是乖乖牌做的、功勞是他建的，可是大家卻去稱讚另一位同事。

轉頭看看那些不乖的人，受到的待遇天差地別。雖然不如乖乖牌認眞做事、待人親切有禮，而且有一點自我，有一點率性，有一點張揚，卻總是能吸引到大家的目光，拿到發言的麥克風，受到稱讚，以及加薪與升遷。

今天整個飯局，大家都圍著不乖的人談笑風生，態勢上好像他是主人，其實他一毛錢不需要付，卻占盡風采。

今天整場會議，一有爭議，大家就轉過頭看著不乖的人，期待聽取他的意見，儼然他是會議主席，其實他只是其中一位與會者。

形象，是背後看不見的推手

在職場裡，乖乖牌落入下風，不乖的人位居上風，究竟問題出在那裡？答案，出在「形象」二字。

在職場，過去談IQ（智力商數），後來談EQ（情緒商數）、AQ（抗壓商數），現在則談BQ，這個B是Brilliant，指的是出類拔萃商數，它由Brain（腦力）、Behavior（行爲力）、Beauty（美學力）等三個B構成，而形象包含了行爲力與美學力，幾乎是一個人能否出類拔萃的關鍵指標。

乖乖牌老是擔心這擔心那，比如害怕過於亮眼，光環蓋過別人，不受喜愛，招來嫉妒或排擠，在形象上選擇退讓、收斂、低調，隱身在角落裡聚光燈照不到的黑暗處。等到一切如其所願，大家習慣性忽視他們的存在之後，乖乖牌又內心隱隱作痛，心裡不免出現怨念。

相反的，不乖的人選擇誠實面對自己，自在表現出本來的樣子，開朗大方，自然成爲大家圍聚的核心。這樣的形象容易讓人會錯意，以爲他們是會議主席、飯局主人、派對主角。「誤會」久了，麥克風常常掉到不乖的人手上，形象最後演變成形勢，任何當家作主的機會，大家第一個直覺便是想到不乖的人，讓不乖的人擁有更多的機會展露自己，而有更亮眼的表現。

乖乖牌很愛做簡報

阿倫做的是外勤業務，但是他不想給客戶「推銷」的感覺，永遠是格子襯衫再加休閒外套，星期五甚至會穿牛仔褲及便鞋，營造一種親和形象，期待客戶接受他。

拜訪客戶時，阿倫親切有禮，一看對方是主管階則怯懦三分，表現拘謹客氣。才寒暄兩三句，便急急進入正題，架好電腦做簡報，側身對著承辦人，從頭到尾死盯著銀幕看，一口氣講完二十分鐘後，問客戶：

「有什麼問題嗎？」

「我剛看你講得那麼專心，不方便打斷，但是有多處沒有聽懂……」

「啊，對不起，對不起，需要我再講一遍嗎？」

阿倫把銷售的場子變成一場簡報，變成老師上課、學生聽講的模式，錯過拜訪客戶最重要的課題：建立關係，發掘客戶需求！

不乖的人很愛聊天

巴特是同一家公司的外勤業務，他的穿著一直是西裝、襯衫，襯衫選擇寬條紋，透著輕鬆，而且偏愛大領子，比小領子看來有擔當，企圖建立客戶對他的信賴感。至於鞋子，則只穿黑皮鞋，每一步都踩得穩重踏實，予人做事實在的印象。

拜訪客戶時，他不會和客戶面對面坐下，而是先坐在客戶旁邊，聊一聊近況，再進入正題。做簡報時，講到一個段落，會適時詢問客戶的想法，探索客戶的需求，常常發現客戶對其他方案更有興趣。簡報之後，他會這麼問：

「你看，我們這個方案，有哪些好處？」

「好處的確有一些，比如你們把書面流程全部改成線上作業，方便很多。」

「謝謝，你是專家，能得到你的肯定是我們的驕傲。」

形象三元素，缺一不可

注意到了嗎？不論是穿著、坐的位置、簡報或問話，巴特和阿倫的表現都不同，在客戶心中建立的形象也南轅北轍。「形象」聽起來抽象空洞，卻可以實實在在感受得到，對職場成敗的影響也至鉅。形象大致可以分為三個部分：

1. 穿著的形象

阿倫希望營造的是親和形象，受到喜愛，穿著上選擇休閒風，不想讓客戶感受到威脅。

巴特不同，他希望讓客戶信賴他，但不要排斥銷售，選擇 smart casual（精明的休閒風），在整體專業的形象裡，加入一些輕鬆的細節，正確傳遞他想要給客戶的訊息。

2. 儀態的形象

阿倫把客戶當客戶，用語客氣拘謹，聲音緊繃放不開來，無法進到對方的心裡，缺乏記憶點，留下的印象失之於粗淺。

巴特一見面就把客戶當熟人，心胸開放，從語氣到聲調都是熱絡有溫度，加上肢體動作，快速拉近彼此距離，馬上進入朋友階段。

3. 表達的形象

阿倫問客戶有沒有問題，顯示缺乏自信，得到的答案當然是負面的，不只打擊阿倫的自信，也會把客戶對產品的印象導向比較差的那一頭。

巴特問客戶看到哪些好處，得到的答案當然是正面的，而且因爲是客戶自己說出口的稱讚，客戶會自己逐漸強化對產品的認同，建立好口碑。

想要有存在感，受到重視，獲得信賴，就不能選擇乖乖牌習慣的形象，從穿著打扮、說話語調、動作表情，到談話內容，都要重新一一審視是否傳達了正確的訊息，這是建立形象的第一步。

5-3 調情，永遠可以占便宜

在職場裡，有些人特別容易得到幫助。

他們的嘴巴像沾了蜜似的，一句稱讚把人逗得樂不可支：笑起來誇張，還會笑到喘不過氣；說話時，喜歡開玩笑，少不了添點曖昧；和人接觸時，不時會有身體上的接觸，或拍拍對方的肩，或捶捶對方的胸，或碰碰對方的手肘……

總覺得他們好像在傳達一種什麼訊息，有點說不出來，又有點不好意思說。

沒錯，你的直覺是對的，這就是江湖傳說中的「調情」，也可以稱爲放電。這是乖乖牌特別不會的能力，甚至是不屑或不恥的能力。

調情高手，談判的贏家

從小到大，在人際關係上，乖乖牌學的是親和力，個性溫和、態度友善，讓別人界定自己不具威脅，進而喜愛自己，避免被排斥，受到群體接納。

但是，親和力的力道柔弱，只能力保不敗之地，無法將自己推向成功。而且，親和力也只能在平輩或晚輩中發揮效用，比如相同位階的同事、相同年齡的客戶等，碰到年紀長、位階高的人，尤其是異性，親和力根本派不上用場。

調情能力是一種主動攻勢，讓談判對象感覺良好，並同意自己的策略性行爲。在表現手法上，似有若無，點到爲止，見好就收，對方只覺得一陣心花怒放，卻抓不住滿天飛舞的蝴蝶，調情而不留情，屬於成人版的遊戲人間。

調情與友善，孰優孰劣？加州大學柏克萊分校與倫敦政經學院，曾經聯合做了一項研究，發表在《人格與社會心理學期刊》，指出調情的女性在談判上具有優勢，相反的，友善反而會吃虧。

這項研究分成兩部分，第一部分是測試調情的效用：同樣是買車，使出調情技巧的女性可以平均多拿到二十一％的折扣。第二部分是測試友善的效用，結果顯示表現出友善態度的女性，支付的價錢比一般女性多。

友善是滿足別人，調情卻是滿足自己。態度友善的人會受到喜愛，至於使用調情手法的人，只有被電到的對象會喜愛他們，其他人則討厭他們。研究最後得到一個結論，兼顧友善與調情的女性，既可以受到喜愛，又可以充分表達出自我的需求，展現出高度的自信，最後提高談判的競爭力。

稱讚他這個人

克妮穿著剪裁合身的外套，襯衫鈕扣自第三顆起才扣，散開的小黑裙露出一層蕾絲邊，踩著高跟鞋嗑叩嗑叩走進大樓，一路抬頭挺胸，帶著微笑，和迎面而來的人四目相交。第一眼看到的是保全大哥，克妮元氣十足地揚聲道早安，帶上一句：

「今天鞋子擦得啵亮，我的眼睛被閃到了！」

保全大哥低頭看看黑皮鞋，羞澀地咧嘴一笑，心頭卻像開了花似的。進入電梯，看到程式部門的小陳，克妮把臉湊到小陳面前，定睛兩秒之後說：

「山羊鬍留得 man，好有金城武的 fu！」

隨後順手拉拉小陳的領子，補上一句：「嗯，更有型有款了！」小陳回辦公室的第一件事是拿起手機照自己。到了自己的部門，看到直屬主管，克妮笑得一臉燦爛，並做了誇張的九十度鞠躬，大聲地說：

「昨天你開了五個小時的會，還能精神奕奕，實在是太強了！」

下一個動作，克妮從皮包裡面掏出一條 Snickers，雙手呈到主管面前，嬌聲嬌氣地說：

「今天老闆再找你開會，一定要吃 Snickers 補充體力喔～」

身體接觸，拉近距離

中午和客戶吃飯，餐廳的椅子安排都是面對面，可是克妮特別請侍者過來調整座位，她的理由是：

「今天招待客戶，我要和他坐成直角，比較方便說話。」

用餐時，克妮的手肘幾次有意無意碰到客戶，或手指輕輕劃過客戶的手，這樣的身體接觸都不到一秒。當客戶說笑時，克妮雙眼定定看著客戶，再吟吟笑了開來，有時還會笑到花枝亂顫，讓客戶覺得自己幽默極了！

克妮簡直就是調情高手！這些男人都被調得很開心，因此，當克妮有困難時，他們自然會立馬解決，展現英雄氣概，不想讓紅粉佳人失望。當別的乖乖牌熬夜加班，查資料、做調查、趕著製作簡報時，主管和客戶卻跟克妮說：

「簡報？不必了！你就直接說，看看我能幫上什麼忙。」

調情，一點都不難

這些人認真的地方，和乖乖牌不同！乖乖牌努力做事，他們努力做人；乖乖牌強調專業，他們卻在調情。但是，看起來調情的確能發揮效用。想學習調情，請先調整觀念：

1. 調情，不是女性專利

調情是展現個人魅力，有意識地表演出來，男女適用！

2. 調情，不是帥哥美女的專利

帥哥美女的天生條件佳，不會習慣調情，通常調情做得好的，都是相貌中等的人，因爲做了就有吸引力。

3. 調情，不是中年人的專利

調情是一種技能，不論年輕或年老都要學習，生活或工作都用得上。

從克妮的例子看來，調情的手法一點都不難，大致歸納成以下幾點：

1. 說出對方可愛之處

說穿了，就是讚美！不同的是，除了讚美事情做得好之外，重點要放在讚美本人。

2. 眼睛會演戲

眼神很重要！一定要讓對方感受到被欣賞與被崇拜，荷爾蒙發揮作用。

3. 肢體輕接觸

手肘微微碰一下、手指輕輕劃過、髮絲掠過對方的臉……時間短，動作輕，似有若無，而被對方電到的那一刻已經成了永恆，久久難以忘懷。

在人與人之間，調情是一種人際藝術，它所製造的柔軟，可以避免直線溝通帶來的堅硬，爭取迴旋餘地，消除沉悶，打開人人守護自我的界線。

就個人而言，心理學家說，調情也是一種訓練，可以改變性格，變得活力充沛、活潑開朗，肢體不再拘謹僵硬，變得柔軟有彈性；說話不再硬碰硬，懂得自我解嘲，從而建立自信，展開愉悅的人生。

5-4

面試時，勇敢拒絕不合理的問題

企業在面試時，常常以為是在挑選商品，有權利知道完整的商品訊息，不免會問到一些與工作無關的主題，給人一種在打探隱私的不舒服感。

這些超越尺度的面試問題，都極盡刁鑽，讓人尷尬、難以回答，老實答一定讓企業不滿意，不老實答則覺得良心不安，搞得應徵者滿頭大汗。可是，有些面試官對於把應徵者逼到牆角，會產生一種莫名的興奮，以為這樣做可以測出應徵者的底線，了解對方的抗壓性，包括EQ（情緒商數）與AQ（抗壓商數）。

事實上，就法律來看，很多面試問題不僅不適當，而是已經構成違法要件，包含各種歧視，損害到應徵者的求職權益。

勉強應答，反而答不好

即使如此，乖乖牌應徵者就算被問到坐立難安，還是會照答不誤，擔心拒答會造成面試官不滿意，失去錄取的機會。然而，勉為其難地作答，卻又答得吞吞吐吐、零零落落，不討好也未得分，還有可能不被錄取。

其實在面試時，不必過度委曲求全，倒不如學不乖的人勇敢婉拒回答不合理的問題，拿出不卑不亢的態度及有技巧的說詞，贏得尊敬，提高錄取機率。

說「是」的人，是把主導權讓給對方；說「不」的人，是把主導權拿回到自己手上。面試是平等的，應徵者在求職，企業也在求才，互有所求，都要尊重彼此，主導權也不必然是握在面試官的手裡。

面試也是一場行銷戰，當其他應徵者認爲自己是奴才，而你當自己是人才，「市場定位」就對了；當其他人都是求對方給工作機會，而你是給企業一個用人機會，這是行銷學說的「差異化」「區隔化」，不要做 me too 產品；當其他人有問必答，讓對方吃飽飽，而你選擇性地回答，讓對方看得到吃不到，這是當今最流行的「飢餓行銷」，有飢餓感才會覺得東西好吃。

拒答的方式有兩種

有了上述觀念，再來談態度。

畢竟是求職，不要一口否定或推拒，讓對方下不了台。記得，相談甚歡，留下深刻美好的印象，仍是參加面試的主要目的。而一般面試官最重視的是態度，他們在意對方的態度是否看起來自信、積極、誠懇，只要掌握這三個態度原則，拒絕不合理的面試問題不只不會招來不快，反而讓面試官更有記憶點。

說話方式也很重要。不想給眞實的答案可以，但還是要回應，並且要讓對方覺得回應得極好，入情入理，找不到漏洞。請掌握兩個原則：

1. 太極式的實問虛答

當面試官問到不合理的問題時，可以像打太極一樣，輕輕地移過來，軟軟地推過去，虛虛地畫一個圓，看似有模有樣，實則沒給出任何確定的答案。對企業來說，有些問題只是一個話引子，不見得要聽到眞實答案，而是要看到臨機應變、邏輯思考的能力。讓他們見識到自己有這兩層功力就足以交差，不必掏心挖肺地把祖宗八代都搬出來交代。

2. 發言人式的標準答案

答非所問、轉移話題也是一個妙招，而且答案是事先準備好的標準答案。企業碰到危機時，不管媒體怎麼問，發言人只回答同一套準備好的內容，任憑電視台回去怎麼剪，就只能剪出這一套話來，不會發生斷章取義的情形。這一招，面試時也派得上用場，但是要記得具備足夠的「訊息量」與吸引人的「話題性」，才足以發揮扭轉乾坤之效，牽著面試官的鼻子走。

何謂「不合理的問題」？

究竟是哪些問題，可以歸類爲「不合理」？其實，只要對這個題目有所遲疑，想不通和應徵的工作有何關連，或是感到不舒服，在人格與隱私上有被冒犯的感覺，就可以算是不合理問題。

1. 你的缺點是什麼？

求職是介紹自己的優點，強調自己的條件，說明具備那些能力與經驗足以勝任新工作，而不是來自揭瘡疤、自曝其短的。被問到缺點時，請不改其志，從頭到尾只扣緊優點做發揮，但是要用謙虛的方式包裝，聽起來好像是缺點，其實是在說優點。

比如：「大家都說跟我共事會有時間壓力……」然後停頓一會兒，引起對方的好奇後再解釋：「我太愛說笑話，大家一高興就會分心，浪費一點工作時間，不過效率卻提高了。」

2. 前一份工作的薪資多少？

企業之所以有此一問，不過是要取得議價的優勢，一旦配合給答案，本來可以獲得更好薪資的機會白白丟掉，也讓原本平等的談判局勢風雲變色，自己則變成一隻待宰的小綿羊。要知道，當一家企業無法以客觀的角度判斷求職者的能力，非要藉著過去的薪資資料才能決定金額時，不是薪資制度有缺失，就是想要砍價。

3. 為什麼離開上一份工作？

離職原因如果是被資遣裁員，或是健康問題，都會引起企業的疑慮，因此只要輕描淡寫地說「另有生涯規畫」即可。如果企業追問，就回答：「所以我才會來貴公司應徵，這裡才是我想要的新舞台。」讓對方有被拍到馬屁的興奮感，他們就會將話題轉移至「那麼，請你談一談想來我們公司的原因」。像這樣四兩撥千金，好用得很！

4. 請介紹你的家庭與婚姻

愈是高階工作，愈是會被問到家庭與婚姻狀態，因爲企業想要了解這兩者是否會影響到出差、外派或工作表現。建議用發言人式的標準答案：「我們一家和樂，關係親密，帶給我快樂與幸福，也是支持我樂在工作的最大動力，讓我毫無後顧之憂。」不必深入，不必給人日後說八卦的可能性。

5. 請提供你的社群帳號

強烈建議不必提供，因爲料不準哪一張圖片、哪一句話，或哪一位好友的留言會讓企業反感。不妨笑笑地回答：「社群都是下班後的私人生活，和工作無關。」如此一來，企業就了解你的立場。

5-5 有被討厭的勇氣

乖乖牌，很少滿意自己；相反的，他們討厭自己。而這個討厭自己的緣由，竟然是來自他們過度害怕被別人討厭。他們擔心在人際關係中受傷，可是受傷最重的卻是他們。

相反的，不乖的人不見得人人歡迎，但是一定有鐵粉！在粉絲世界裡，不乖的人是受膜拜的偶像、被學習的對象，大家希望變成他們那個樣子，很酷！很屌！不只受到喜愛，他們也滿意自己的人生。

怕被討厭的人，最後變成討厭自己，抱怨這個人生不是他們想過的；不怕被討厭的人，卻高度滿意自己，贏得理想人生。這個結果，和我們原來預想的完全相反，怎麼會這樣？

因爲，乖乖牌在擔心別人會不會討厭自己這樣做那樣想的同時，忘了問自己喜不喜歡自己這樣做那樣想，過的是別人的人生，不是自己的人生。所以，午夜夢迴眞實面對自己時，無法接受這個結果。

害怕被討厭，就不敢做自己

大年初五，空氣冷凝，餐廳裡卻是一屋子熱滾滾，座無虛席。遠離門口有一桌清一色女生，年紀不相上下，約莫三十五歲左右。

「好久沒看到ＣＪ，到中國七年，應該有變吧？」

話語才落，就看到其他桌的客人紛紛抬起頭來。向他們眼光的落處望去，才發現ＣＪ來了！ＣＪ有如女皇般接受注目禮，未加快腳步也未放慢速度，款款走向這一桌，而在座的朋友全都感受到一股懾人的氣勢直撲而來，要不是坐著，恐怕都要向後連震數步。

「你變了！」朋友盯著她一頭漾著藍色波光的波浪捲髮，不約而同地說。

時光倒帶，回到十年前，ＣＪ瑟縮在角落，哽咽訴說著在職場裡的委屈。好友們圍著她，有的爲她義憤填膺，有的爲她抱屈掉淚，有的摟著她疼惜，有的忙著遞面紙……當然，免不了給她出了很多主意：

「你應該當面罵回去！」

「你應該告去老闆那裡！」

大家七嘴八舌，只見ＣＪ含著兩泡眼淚，咬一咬下唇說：

「可是，這樣別人會討厭我，我不想變成這樣……」

別人和自己，切割清楚

ＣＪ來自一個保守家庭，父母從小教育她要懂得察言觀色、要表現得溫柔婉約，說話留三分，謹守溫良恭儉讓的禮教，給人有教養有氣質的形象觀感。

畢業後，她花了三年光陰，輾轉換到一家嚮往的大品牌外商公司，擔任行銷企畫一職，勤奮認眞。可是，外商公司不只高手如雲，也各個豺狼虎豹，ＣＪ像誤闖叢林的小兔子，驚慌失措。但是，ＣＪ的家教讓她不敢據理力爭，老是未戰先輸，受盡委屈，升官加薪也都沒她的分，於是常常找好友訴苦。

後來，ＣＪ獲得一個機會調去中國，哪兒知道七年不見，簡直變了個人，好友紛紛打趣她，是不是遭受重大打擊？ＣＪ點頭稱是，並未否認。

剛到中國時，ＣＪ比在台灣還適應不良，發現不論她的同事或客戶，都是說話比誰大聲、搶升官比誰下手快、自我表現比誰臉皮厚……無一不來，臉不紅氣不喘，不見一點愧色，也不擔心得罪人。有一次，ＣＪ終於鼓起勇氣問一位同事：

「難道，你們不擔心被討厭嗎？」

聽完問題之後，同事臉上閃過一絲詫異，好像這個問題從未在他的腦海裡存在過一分一秒。不過很快的，他的一連串回答給ＣＪ上了一課震撼教育：

「別人是別人，我是我，彼此切割乾淨，不必活在別人的眼光裡，才是健康的人際關係。

「我是自己生命的主角，如果總是擔心別人的想法，而淪爲配角，不必輪到別人討厭我，我會先討厭自己。

「你要是一直期待被喜歡、被接納，人生就會被綁住，失去自由，活不出自己。即使全天下都喜歡你，又如何？」

同事說完了，還特別問ＣＪ：「你是不是有過心理創傷，讓你這麼在意是否被討厭？」問得ＣＪ張口無言，接不下話。

做自己，反而受歡迎

從這一天起，ＣＪ決定改變，每天做一件討人厭的事，看看別人是不是眞的會討厭自己。

主管交派工作，她做不來時會拒絕。

開會時，她會說出不同的意見。

同事聚餐時，她會推薦自己喜歡的餐廳。

每年出國兩次，把工作交給同事做。

老闆探詢升遷人選時，她會自告奮勇爭取……

過去，這些都是她不敢做、害怕做的事，因爲擔心別人會討厭，在背後議論她、排擠她、譏諷她，給她貼上魔女標籤……

「這些擔心，八成不會發生。」至於另外兩成，則原因林林總總，卻幾乎和ＣＪ不相干。此外，讓ＣＪ更驚奇的還在後頭——後來同事竟然告訴她：

「剛開始，我們有些討厭你，覺得你很假！什麼意見都不說，猜不透你在想什麼，不知道怎麼和你相處，跟你很有距離。

「現在，我們覺得你很眞！有什麼說什麼，直率可愛，容易親近。」

解放自己，找到自由，也找回自信。一條通往成功的秘徑意外在ＣＪ眼前展開來，說不出來的奇妙，自己彷彿變成一道光源，吸引更多的光照過來，工作發展順利，機會自動找上門，遇到瓶頸則不刃而解。

心理學家阿德勒說：「人生沒那麼困難，是你讓人生變得複雜了，其實人生非常單純。」這是我們的人生，不必爲了滿足別人期望而活。如果老是尋求認同、在意別人的評價，最後過的就是別人的人生。請試想這個簡單的問題：

「這個人生，是誰在承擔？」

答案是自己，不是別人，那麼就做自己，單純過人生，減少不必要的心理負擔，讓工作與生活輕鬆愉快。

5-6 你沒有那麼對不起別人

仔細觀察辦公室裡那些乖乖牌，會發現他們有一些特別的習慣，是在不乖的人身上看不到的：

每每要開口說話，會先微微欠身，拉出一個微笑，再送上一句「對不起」「抱歉喲」「不好意思」，好像對別人總有萬般的歉意。

開會的時候，輪到他們要表達意見，他們也會用充滿歉意的句子作爲開場白：「這是我個人的淺見……」「我的意見和剛剛某某人說的差不多……」接著才會切入自己的內容。

可是，乖乖牌完全不自覺有這樣的口頭禪。

過於謙虛隱含你對自己的眞實評價

有一次，我親眼看到一位女同事向企業第二代報告，這位小老闆在美國生活二十多年，當這位女同事開口時，說出第一個「對不起」，我看到小老闆愣了一下，而這個反應弄得女生更緊張，說出第二個「對不起」。哪裡知道小老闆竟直率的問道：

「你為什麼要跟我對不起？」

「啊，對不起，對不起，對不起……」女同事一時為之語塞，脫口而出的還是一疊聲「對不起」。她也不知道自己為什麼要一直說「對不起」，就是一個日常的習慣、一句掛在嘴上的口頭禪，沒有多餘意思。

「你沒有做錯事情，請不要再說『對不起』！」小老闆面露不耐地說。

一向循規蹈矩的女同事其實內心敏感脆弱，事後跑到廁所崩潰大哭。她不懂小老闆為什麼要對她凶，她又沒做錯事情，只不過是想要表現謙虛客氣罷了，「是不是討厭我，要我離職？」

事實沒有女同事想得這般複雜，但是也不簡單。這一句「對不起」，蘊藏的意思絕對不只是表面的歉意，背後隱含著女同事對自己的真實評價。

這位女同事的工作表現佳，否則輪不到她向小老闆做報告，可是她老覺得自己還不夠好。有一次和她聊天，聽她談起父母的教育方式，我才恍然大悟。小學時，她考到全班第五名，以為會受到讚揚，結果父母跟她說：「你還可以更好。再努力一點，下次擠進前三名。」從此，不論是考第幾名，她都覺得還不夠好。

「拿到第三名，想著進到第二名；考第一名時，則想著別讓第二名追上。我從未對自己的成績滿意過，也從不覺得自己優秀，總是看到沒有做好的那個部分。」女同事自我剖白。

「對不起」反映出自我形象不夠好

我們存在的世界不是一個客觀的世界，是由個人主觀認知所決定的世界。一個人表現好或不好，多數時候和眞實的績效無關，是自己的感覺在作祟。覺得自己不夠好、別人比自己好，在意別人的眼光遠勝過自己的感覺，就會矮化自己，不自覺地就會向別人道歉、說對不起。

「對不起」不只是一句客氣話，而是一句眞心話，透露出一個人在自我形象上的認知。

這樣的人在表達意見時，對自己的看法不具信心，又擔心占用對方時間，還讓對方聽了不滿意。先遞上一句「對不起」，目的在打預防針，減低對方的不耐煩或不高興。

反之，受到稱讚時，則是一個勁兒地推回去：「沒有啦，過獎了，我沒有這麼好。」一方面不覺得自己有那麼好，另一方面也憂慮若是接受讚美會予人驕傲的感覺。

主管要給升遷機會、賦予更大的責任時，他們也會搖頭說：「我覺得自己的經驗還不夠勝任這個工作……」「我覺得自己的知識還不足以領導團隊……」「我覺得自己的年資還未到……」

一位管理顧問做了一個比喻，形容這些覺得自己不夠好的人，頭部（能力表現）在四十樓，腳部（自我認知）還踩在十五樓，不敢升到四十樓，認為自己只值得踩在十五樓。

「究竟是誰說他們不夠好？大多數時候，是他們自己。」這位管理顧問說：「自我懷疑，是最大的敵人。」

說「謝謝」，不要說「對不起」

不乖的人就陽光燦爛多了。他們習慣用正面的話，為自己和別人帶來正能量，並將互動與關係帶往正向循環，雙方都快樂而滿足。表現好時，說「謝謝」，感謝別人的肯定；表現不好時，還是說「謝謝」，感謝別人的包容。這是因為他們在自我形象上的認知正面且自信，而不是將「對不起」掛在嘴上成為口頭禪。

想要做一個不乖的人嗎？很簡單，請收回「對不起」這三個字，改口說「謝謝」，不可思議的事情會跟著發生，認知的世界也將會跟著改變……

說「對不起」時，臉是苦的，笑容是僵硬的；說「謝謝」時，臉是甜的，笑容是燦爛的，兩者給人的感受完全不同，接下來一連串的反應也會寫出大相逕庭的劇情腳本。所以，愛情專家都鼓勵情人之間要用「謝謝」代替「對不起」，事實也證明常常心懷感恩說謝謝的情侶走得比較長久。插畫家 Yao Xiao 畫了一系列的畫，用簡單的對白闡述這個道理，與你分享：

1

謝謝你耐心地等我

抱歉我老是遲到

2

謝謝你懂我

抱歉我剛剛講話一定很沒條理

3

謝謝你花時間陪我

抱歉我一直拖拖拉拉的

4

謝謝你聽我說

抱歉我就只是宣洩一下

5

謝謝你欣賞我

抱歉我占據你這麼多心思

6

謝謝你一直對我有所期待

抱歉我讓你這麼失望

感受到了嗎？「謝謝」比「對不起」帶來的正向能量大很多！說「謝謝」是抱著感恩的心情，重複對方的付出及對自己的意義，讓愉快的畫面重播，愛苗在心中滋長；說「對不起」是在重述自己的錯誤，讓不愉快的回憶重回到彼此之間破壞氣氛。

改變磁場，得到正向能量

在職場上，也可以這樣應用，多說「謝謝」，少說「對不起」，改變磁場與氣氛，得到正向能量，讓自己抬頭挺，胸信心滿滿。

1

謝謝你花時間聽我說明

抱歉我提的都是淺見

2

謝謝你的賞識給我升遷

抱歉我的經驗還不足夠

3

謝謝你對這些意見的認同

抱歉我說得拉里拉雜

4

謝謝你願意幫忙分攤

抱歉我給你帶來麻煩

5

謝謝你剛剛的美言

抱歉我沒有你說的那麼好

6

謝謝你一直給我改善的機會

抱歉事情三番兩次沒弄好

不論表現好或差，都不必爲自己的存在感到抱歉。你沒有自己想像中那麼不好，也沒有那麼對不起別人，不要爲了不存在的錯誤向別人道歉。即使犯了錯或表現不理想，用「謝謝」代替「對不起」，永遠還會有選擇，好運會再度降臨。

5-7 狠下心切割，看見問題核心

無法直面自己時，就會向外攀緣，而讓自己陷於一團混亂，最後會失去面對事情本質的能力與勇氣。

乖乖牌，聽從別人的意見，缺乏自信，特別有一種本事，就是糾纏。別人講一句話、做一個動作，他們都會想太多，產生千百個念頭，延伸出別的意思，拉出不同的劇情發展路線，最後找不到線頭，找不到出路，回不去事情的眞相。比如：

有時候是做錯事，害怕受懲罰，就諉過他人或牽拖他事，轉移大家的注意力，不要集中在自己身上或這件事上。

有時候是不敢顯得不一樣，擔心別人討厭自己不合群，就拉扯另一件事做遮掩，免得凸顯自己。

有時候是對自己沒信心，當別人有任何評價，不論是批評或讚揚，就是一個勁兒地閃躲，隨便找一個託詞含混帶過去。

對乖乖牌來說，聽別人的話，比聽自己的內心還容易一些，面對自己時反而會手足無措。一次兩次，慢慢地，糾纏就變成一種思考習慣、一種面對事情的態度。

不乖的人不糾纏，看到事情的本質

不乖的人將任何事都看成各自獨立的事件，一碼歸一碼，不會拉扯不相干的因素，緊守三個原則：此時！此地！此事！時間軸永遠鎖定在「現在」這個時間點，不牽扯過去與未來；主角則定位在「我」這個人，不外掛家庭、朋友或其他人；事情也不位移，限定在眼前這件事情上……

思考上單純，一眼看到事情的本質、問題的核心，一刀命中要害，提出解決辦法。快刀斬亂麻，做事有效率，減少不必要的情緒干擾，讓自己輕鬆愉快。

這兩種思維的差別，只有一個，就是切割的能力。

想太多，讓人過度反應……

喬伊是埋頭苦幹的乖乖牌，但是不幸的，這次負責的專案失敗了。主管發現有嚴重疏失，把承辦的喬伊找來問道：

「這個細節是最重要的關鍵，竟然沒掌握好，是發生什麼事？」

這是一個單純的問題，就事論事，目的是找出失敗的癥結，可是聽在喬伊的耳裡，完全不是這麼一回事。她覺得主管在責怪她將這個專案搞砸，暗指她的能力不足，於是腦中跳出這個念頭：

「既然能力差，主管是不是要我離職，以示負責？」

喬伊頓時百感交集、萬般委屈，兩個月來夙夜匪懈，假日都來加班，卻受到這樣的不平待遇，未免太殘忍。與其被公司炒魷魚，還不如自己先開口，以免自尊心受損，於是把頭一揚，一臉決絕地說：

「那麼，我離職好了。」

主管傻住了，努力回想剛剛講錯了什麼話，導致喬伊情緒反彈這麼大。事實上，問題不在於主管說了什麼話，而是喬伊總是想太多，內心千迴百轉，已經糾纏成一團，理不出個頭緒，沒辦法冷靜下來做出理性反應。

加進來的，都是負面訊息

後來，主管面對喬伊時都小心翼翼，深怕踩到貓尾巴。可是，當主管對屬下刻意拉出距離時，就表示不會再交付重任，也不會給表現的舞台，喬伊不知不覺從核心位置掉到邊緣地帶。敏感的喬伊也察覺到這個變化，更加確認主管冷落她就是要逼她走，最後眞的負氣離開這個喜愛的工作。

喬伊認眞負責，可惜在思考上，無法將每件事當作獨立事件看待，而是習慣性將不相干的因素加進來，讓事情變得複雜難解，也讓自己的情緒掉進地獄。比如：主管說這個專案失敗，喬伊卻將自己拉進來，以爲主管在責怪她能力差；主管要了解問題，喬伊卻將過去的辛苦拉進來，認定主管看不到她的付出；主管要問失敗原因，喬伊卻將追究責任拉進來，懷疑主管要她離職……

在職場裡，我們經常會聽到類似的糾纏不清，比如：

「我的學歷不佳、腦袋不好，努力是沒用的，績效一定比不上念好學校的人。」將學歷和績效糾纏在一起，限制自己更上一層樓。

「我的男朋友條件不優、薪水不高，看來這輩子是不可能獲得幸福了。」將男友薪水和自己的幸福糾纏在一起，限制自己對美好未來的想像空間。

「換過的幾家公司都不是大企業，這表示我的能力不如人，主管不會重用我的。」將過去的經歷和主管的評價糾纏在一起，限制自己在主管面前求表現。

「主管沒有交給我重責大任，一定是認爲我不具抗壓性、個性軟弱。」將主管的管理風格和自己的性格傾向糾纏在一起，降低自我認知，貶抑自己。

當下喊卡，一律刪除！

這些糾纏，自始至終都是自己想像出來的，轉移了目標，模糊了焦點，有的人鑽的牛角尖甚至會偏向負面，打擊自信心。面對這種加法思考習慣，能救的就是改用減法，刪除任何不相干的因素。

「工作表現好壞，是看有沒有達到績效目標，一切都以數字爲準。至於學歷，跟這件事不相干，刪除！」

「人生幸福與否，是看有沒有達到我預定的人生目標。至於男友的薪水，跟這件事不相干，刪除！」

「主管是否重用，是看我的能力與努力。至於過去的工作經歷，以及我的個性，跟這件事不相干，刪除！」

當自己陷於胡思亂想時，在第一時間就要喊卡，不要一路陷下去，否則劇情會愈編愈離開現實，拉不回來，收拾不了。管管腦子裡的念頭，避免糾纏不休，以免看不清楚事情的本質、問題的核心，而錯失第一黃金時間，無法採取最有效果的解決行動。這是很重要的思考訓練！

5-8 讓老闆看到你，爭取能見度

不論是在吃尾牙、等電梯，或是走廊上，看到老闆時，很多乖乖牌下意識的第一反應，就是一個「閃」字，躲得遠遠的，別和老闆「狹路相逢」。等到打考績，或加薪升遷時，卻抱怨連連：

「爲什麼我這麼認眞勤奮，老闆都看不見？」

有人勸他們應該爭取在老闆面前的能見度，他們也有另一番反駁之詞：

「每個月都有報表，數字不會騙人，老闆都有看到成績，爲什麼我還要走到他面前自吹自擂？」

乖乖牌可能沒有想過，老闆再偉大，終究也是人，也會受傷。看到同事繞遠路閃避，難免有被排斥的感受，覺得不舒服！別忘了，老闆握有權力，一有升遷加薪的機會時，誰會被大筆一刪？答案清楚得很！躲著老闆，等於躲著升遷與加薪，跟自己過不去。

能見度，才是成功關鍵！

這些乖乖牌都很會低頭努力，卻不懂得抬頭看路。其實只要抬個頭，就可以看到眼前掛著一個路牌，上面寫著三個英文字母：「PIE」。這個大派（PIE）包含職場三個成功關鍵，P（Performance）是工作表現，分數只占十％，I（Image）是形象，分數占三十％，E（Exposure）是能見度，分數六十％。

這是一家美國顧問公司提出的「大派（PIE）理論」，不論你贊不贊同分數占比，絕對都要認同它對能見度的重視！而這套理論，充分解釋了乖乖牌一直納悶不解的疑問：「爲什麼努力認眞的人，得到的回報不如預期的多？」也爲另一個問題提供了中肯的解答：「爲什麼獲得重用的，總是那些搶在老闆面前露臉的人？」

職場，不只是一個戰場，也是一個秀場。聚光燈照在某人的身上愈多、愈久，此人愈容易被注意到，得到的機會也愈多。人生就是這樣，排斥某樣東西，躲著它，它就不會走到你生命裡。聚光燈也是一樣，照不到的地方將是一片黑暗。

聚光燈，都會照到哪裡？

當然是照到握有權力的人周圍！老闆是最有權力的人，第二順位是接近老闆的人，姑且統稱他們是「重要人士」，包括主管、客戶，以及老闆的朋友、家人等。這些人站的位置，就是聚光燈照亮的那一圈。

然而，重要人士這麼多，究竟是哪一個人會在你的身上發揮扭轉乾坤的力量，一開始並沒有人可以預知，所以統統都要掌握。也就是說，在能見度的經營上，第一個原則是求「量」！就像一個剛起步的小藝人一樣，任何試鏡都要去，任何通告都要接，到處都看得到你，就可以發揮「假名聲效應」，讓別人以爲你眞的很紅，產生信心，便會放心地把機會給你。

曝光量愈大，指名度愈高

一位人資主管在大企業任職十多年，說出一個秘密，強調能見度的重要性。他說，當基層主管出缺，呈上來的名單盡是基層員工，老闆沒有一個認識，選擇有其困難，雖然有績效考評可以參考，心裡還是不踏實。這時候，人資主管會適時提點，內容卻大出一般人的意料之外。

「黃大同，就是尾牙時，跳肚皮舞很賣力，差點滾下舞台那一位。」

「林小明，就是家庭日，和爸爸玩兩人三腳，褲子爆開那一位。」

老闆被喚起記憶的當下，名單上的這個名字突然亮了起來。如果候選人的條件勢均力敵，這個有記憶點的人極可能雀屏中選，足見能見度的重要。

還有一種情況是，一個想都沒有想到的第三人，在一個想都沒有想到的場合，幫你美言了幾句，被重要的人聽進去，再傳到老闆耳裡。有的老闆喜歡廣納「民意」，這種道聽塗說還真可以發揮臨門一腳的效用。如果說你好的人不只一個，而是兩個、三個、四個都說你好，可信度更高，老闆不採信都難。

所以，能見度的「量」很重要，就像廣告打愈多，消費者愈會指名購買這個品牌。不過還是不夠，能見度也要講究「質」（權值），愈是接近老闆的光圈，權值愈高，愈要爭取機會現身，比如開會時發言、向老闆做簡報，甚至製造偶遇，像是搭重要人士的便車、參加他們的聚會（婚喪喜慶）等。

爭取機會，讓老闆看見你

安迪的部門今天晚上加班，同事做完工作就走人了，只有安迪特別給主管發簡訊：

「您交代的工作已經完成，明天可以如期交給客戶，特別向您報告一聲，請您放心！」

主管隔天上午收到簡訊，看到發出時間是晚上十一點半，便知道安迪加班到這麼晚，卻忽略其他同事也加了班。

安迪打聽到老闆都在上午八點進辦公室，雖然九點才打上班卡，仍提早一個小時上班，和老闆不期而遇，利用電梯內短短幾分鐘時間和老闆聊聊公事，好像在報告工作進度，其實是在展示功勞。

「我們掉了一年的某家客戶，這半年做了各項努力，對方終於在上星期表示願意給我們一個機會。這次一定要把這個客戶拿回來。」

有一次參加喪禮，安迪特別不開車去，主動搭副總經理的便車。路上半小時，安迪大談理想抱負，以及在這家公司的職涯期待，讓副總經理印象深刻。

「我們公司的產品有知名度，只要在客戶服務上多加把勁，展現專業，爭取信任，再拿下十％的市占率毫無問題。我非常期待有機會可以多做貢獻。」

後來公司有主管職出缺時，副總經理特別推薦安迪，而老闆對安迪也印象深刻，一拍即合，人事案很快拍板，敲定安迪接手。

在公司裡，和安迪相比，更資深、更優秀、更勤奮認真的員工大有人在，最後卻屬安迪晉升得最快，當然要歸功於能見度推了安迪一把！所以，勤奮認真之外，也要經營能見度，可以發揮事半功倍的效果。

5-9 做人比做事重要

乖乖牌從小到大是好學生，拿好成績，念好學校，腦子裡有一個根深柢固的觀念，便是實力至上！到了職場，他們最不恥的便是沒有實力、不靠本事的人，而對一個公司的印象好壞常取決於——

「做人重要，還是做事重要？」

如果公司前輩告訴他，做人比做事重要，乖乖牌第一個直覺便是，這家公司的職場文化出了問題，裡面盡是逢迎拍馬、無所事事的冗員，缺乏競爭力，遲早要倒閉，不能久待，必須拔腿快逃。他們也害怕再待下去，會被同化，變成一個面目可憎、毫無能力的人，連自己都不想原諒自己。

位階愈高，「做人」占的比例愈重

一位大企業家回首一生，談到成功的訣竅。他說，做事是爲了打好個人條件，當個人條件俱足之後，在做人方面加強，可以帶來幸運與機會。

高齡的他生於戰亂，十三歲輟學當學徒，舉目無親，必須一百％靠努力做事；到二十多歲有點資歷，人頭有些熟，靠九十％做事，十％做人；隨著年齡漸長、事業擴展，做人的比例提高到三、四成；直到當上集團大老闆，他的時間和力氣根本不是放在做事上，而是放在做人。

「做人和做事，哪個重要？這是一個比例問題。不同階段，各有其黃金比例。」

這位大企業家在事業上的體悟，也極符合一般上班族的職場現實。剛畢業時，位階低，工作單純，目標清楚，牽扯到的人少，只要努力就容易拿到成績；隨著年齡漸長、位階漸高，做人的比例逐步拉高，做事的比例日益降低。由比例的變化，可以看出位階高低：愈是需要做事的工作，位階愈低；愈是需要做人的工作，位階愈高。

由此推論，會做事只能當屬下，會做人才能當主管。

針可以縫衣服，也可以戳人

外商公司總經理麥可剛畢業時，也犯了這個「優等生」都會犯的思想錯誤。

名校畢業，心高氣傲，自忖本事高強，麥可每天「宅」在座位埋首工作，不和同事打交道，也的確做出亮眼成績，受到公司矚目。總經理便進一步委以重任，交派他一個跨部門專案，統籌的對象全是中高階主管。

有一次開協調會議，其中一位抱怨不斷的主管質疑流程，措詞直白，不留情面，把累得人仰馬翻的麥可惹得大怒，直接拍桌子嗆回去，然後二話不說離開會議室，留下一屋子錯愕的主管。

進入公司兩年，他一直堅信實力掛帥、能力優先，做好事情就可以搞定一切，這是第一次覺得心力交瘁。檢討之後，麥可將問題歸咎於愛抱怨的主管，請總經理換人。總經理沒有直接回應，卻說了一根針的故事，藉此告訴麥可做人要優先於做事，事情才能做好。他說：

「一根針用來縫東西，可以做出一件漂亮的衣服；用來戳人，就做不了漂亮的衣服。你是這根針，拿來戳人或縫衣服，由你自己選擇。」

看來總經理是不想換人。麥可一向好強，決定不就此罷休，於是拉下臉去和愛抱怨的主管懇談，發現自己在流程上的確思考不周，造成對方部門困擾，便採納對方意見修改，並在會議上公開道歉。最後，這個專案如期完成，建立大功，奠定麥可更上一層樓的基礎。

做人的基本道理

可惜，很多實力堅強的乖乖牌腦筋轉不過來，沉醉於聰明能幹的光環，沒有來得及扭轉觀念，錯過擔負重責大任的第一黃金時間。相反的，不乖的人早早就體悟到做人的重要性，早早就顯露出領導力的光芒，早早就獲得升遷與加薪。

「做人，是做事的開始；做事，是做人的結果。」

不乖的人是職場的聰明人，他們的學歷不一定最好、才能不一定最強，卻懂得「花花大轎人抬人」，不會將一百%的時間和力氣用在埋首苦幹，而是挪出部分用在做人，讓別人來幫忙，衆志成城，一起把他們推向功成名就的高峰。

從小到大，父母師長教我們很多做人的道理，以下這幾點放在職場最具效用：

1. 態度謙虛

華人社會不欣賞高調張揚、自我吹噓，謙虛可以避免樹敵、遭妒或受排擠，是做人的第一步。

2. 尊重別人

對同輩平等對待、對長輩尊敬有禮、對晚輩真誠溫暖，這種做人方式最能打動人心。

3. 關心對方

除了工作之外，多多關心主管與同事的心情與健康，在私領域做人，可以拉近彼此距離。

4. 思考周到

換個位子思考，站在對方立場著想，體貼入微，細心周到，最能讓人記一輩子，無法忘懷。

懂得吃虧，也要會施恩

做到以上這四點，頂多顧到基本盤，留下好形象，得到好口碑。如果要做人成功，必須進一步，在吃虧與施恩上下功夫，賣給對方人情，讓對方記得好處。在關鍵時刻，這個人情便可以派上用場，臨門一腳，幫自己踢球得分。

1. 可以吃虧，但要吃在明處

吃虧就是培福，是給人情的其中一種方式，可是要讓對方明白自己是爲了他吃虧，千萬不要吃暗虧、吃悶虧，否則都是傻虧。

2. 給人恩惠，要一點一點給

——給人恩惠，要講求技巧，不要掏心挖肺在第一次就全部給足，這樣不只對方不會感恩，反而遭怨。

比如：同事請你幫忙，明明每天可以幫兩個小時，但是起頭只能答應幫忙一天，讓他心存感激，覺得你是在百忙之下，萬般爲難地抽出這一天相助；相反的，說每天都可以幫忙，對方不會感恩，反而會想說你閒成這樣子，明顯是勞逸不均，還去向主管打小報告，兩人不就從此結怨了嗎？

尤其是新人，不論是剛畢業的社會新鮮人，或剛到新崗位的資深新人，更要深諳「新人，新人，重新做人」的原則，讓自己在一起步時，帶來好運氣，做事順心如意，將阻礙減至最低。

5-10 會說話，比會寫報告容易升遷

在職場，乖乖牌的主要溝通模式是寫字，寧可寫一封長長的 Email，即使 Line 也可以拉上數百個字，還夾帶附件，word 檔、excel 檔、ppt 檔都有。收信者有時間、有閒情、有耐性啃完這封長信嗎？不論是老闆、主管或客戶，微乎其微！當因此產生錯誤而被責罵時，乖乖牌都會無限委屈，逢人訴苦：「兩星期前，我就寫 Email 給他們了，他們沒有說不行啊！」

這是一個天大的誤會！對方可能根本沒有看，哪來默認或同意？

只要是人，都不愛看長篇大論

這些乖乖牌，一輩子靠文字書寫能力，一路拿好成績，考上好學校。他們認爲寫字才是贏家的能力，只要遇上溝通就寫字，愈寫愈順手、愈長篇大論，最後乾脆閉上嘴巴，不口頭溝通。可是說話能力是有待磨練的，愈是不說，愈怯於說話，愈缺乏自信，把 Email 與 Line 當作嘴巴，把文字當作語言。

可是在職場溝通上，會說話的人比會寫字的人尤勝一籌。環顧周圍升遷加薪頻繁的人，哪個不是說話的時間多過於寫字？

不論老闆、主管、客戶都是急性子，喜歡見面把事情講清楚，有什麼意見當場反映，有什麼問題當場解決，一來一往，快狠準讓他們有爽快感。可是看信不一樣，必須等待對方回覆，一件事來來回回幾封信，不見得說得清楚，眞是天大的折磨。

老闆或主管，喜歡用聽的

其次，這些上級都是聽覺型，不是視覺型，喜歡聽甚於讀，即使要看報告，也寧願看數字而少讀文字。

「你過來說，待我聽清楚了，等一下有空再看你的報告。」

這話說得客氣了，隱含的意思是，之前根本未看報告，當承辦人報告清楚了，等一下也不會花時間看。

愛寫字的乖乖牌，不僅沒有意識到這些話背後的意涵，還會不停抱怨：

「老闆喜歡老在他們面前露臉的人，這些人靠一張嘴，說得天花亂墜，騙得老闆團團轉，還給升遷與加薪，讓我失望透了。」

這是愛寫字的人一廂情願的想法，其實他們不想承認一個事實：會說話，比會寫字的人容易成功！

怎麼說，比說什麼重要

不乖的人老早認清楚這個事實，遇到事情，不是寫Email，而是先口頭溝通，取得共識之後，再將結論用條列式的重點回報給上級，取得確認。

「書面，不是用來陳述事情，而是用來確認。所以，順序上是先口頭，再書面。」

喜歡寫字的乖乖牌還有一個迷思，認為說話內容最重要，沒有準備好就不上前溝通，搞得緊張兮兮。其實，內容的重要性，遠低於表情與聲音。

根據研究，一個人說話時，對別人產生的影響力，五十五％來自「視覺化」因素，比如肢體動作、眼神、表情、姿態、手勢等。其次，三十八％是「聽覺化」因素，比如聲音、音量、速度、語調等。最後才是內容，只占七％。

怎麼說，比說什麼還重要。

乖乖牌不明白這個道理，花時間在內容上做足事前準備，到了說話時，卻是扭捏不安、囁囁嚅嚅，整個就砸鍋。

相反的，不乖的人不花太多時間在準備內容上，而是準備一些與內容不相干的笑點、聊天話題、對方的背景資料等，讓說話的現場氣氛歡樂融洽，將對方拱成主角，不著痕跡地切入主題，而且是三言兩語帶過主題，竟然都把事情談成了。

這樣做，增進說話能力

乖乖牌怎麼增進說話的能力？

一點都不需要耍花招！只要記得以下四個原則，馬上就能抓住說話的要領，充滿自信與魅力：

1. 抬頭挺胸

肢體語言是給人的第一印象，駝背低頭讓人覺得龜縮討罵，抬頭挺胸則可以得到對方的平等對待。

2. 面帶微笑

臉部表情是第二印象，友善！禮貌！拉近彼此距離，別人就會喜歡親近與聆聽。

3. 咬字清楚

不擅說話的人都會囁囁嚅嚅，讓人聽不清，對方若要求說第二遍，就會信心崩潰。還不如一開始就慢慢說，一字一字說，讓對方聽得懂。

4. 條理分明

內容不花稍有趣沒關係，起碼做到一件一件敘述分明，讓對方抓得住重點。

不說話，更迷人

另外，還有兩個小撇步，足以發揮「無聲勝有聲」的神奇效果：

1. 總是傾聽

具有說服力的人，不一定舌粲蓮花，他們的秘訣竟然是傾聽。有一位心理諮商師受到個案的高度信賴，在諮商過程中，其實他很少說話，也不太給建議，可是每次個案在起身離去時，都會一疊聲地致謝，並說：

「你太懂我的心，說得眞好，意見也讓我覺得挺受用！」

一樣的，向老闆或主管報告時，讓他們多說話，覺得好主意都是他們提出的，會讓提案更容易被埋單。

2. **適時停頓**

上台做口頭報告、簡報提案或個人演講時，很多乖乖牌就像好學生在背課文一樣，將要說的話一股腦兒像連珠炮般地劈劈叭叭爆出來，彷彿目的在殲滅敵人。

不乖的人厲害多了，把握「沉默是金」原則，在重點來到之前，先賣關子，停下來，頓個幾秒鐘，把大家渙散的注意力拉回來，才切入主題。

當面報告，給人積極的好印象

不說話，只用書面溝通，會破壞一個人的形象，也會影響到前途發展，這恐怕是乖乖牌始料未及的結果。乖乖牌雖然努力勤奮、認眞負責，卻因爲習慣被動反應，總是等待老闆或主管喊他去報告，而給人事不關己、滿不在乎的錯誤印象。

不乖的人卻不一樣，即使沒有那麼埋頭苦幹，可是懂得在事情告一段落時，主動向老闆或主管報告進度或結果，給人積極投入的感受。

從今天起，提醒自己，常常走到老闆或主管面前，多多打開金口。你會發現，你不必多做什麼，竟然就可以得到很大的支持與助力。

國家圖書館出版品預行編目資料

不乖勝出：創造自己的遊戲規則,贏得職場成功機會／洪雪珍 著.
-- 初版. -- 臺北市：方智, 2016.11
240面；14.8×20.8公分. --（生涯智庫；143）
ISBN 978-986-175-442-0（平裝）

1.職場成功法

494.35 105017909

Eurasian Publishing Group 圓神出版事業機構 用心與你對話・視野無限寬廣
方智出版社 Fine Press

www.booklife.com.tw reader@mail.eurasian.com.tw

生涯智庫 143

不乖勝出：創造自己的遊戲規則，贏得職場成功機會

作　　者／洪雪珍
發 行 人／簡志忠
出 版 者／方智出版社股份有限公司
地　　址／台北市南京東路四段50號6樓之1
電　　話／（02）2579-6600・2579-8800・2570-3939
傳　　真／（02）2579-0338・2577-3220・2570-3636
總 編 輯／陳秋月
資深主編／賴良珠
專案企劃／沈蕙婷
責任編輯／黃雅琳
校　　對／黃雅琳・黃淑雲
美術編輯／潘大智
行銷企畫／吳幸芳・陳禹伶
印務統籌／劉鳳剛・高榮祥
監　　印／高榮祥
排　　版／陳采淇
經 銷 商／叩應股份有限公司
郵撥帳號／18707239
法律顧問／圓神出版事業機構法律顧問　蕭雄淋律師
印　　刷／祥峯印刷廠
2016年11月　初版

定價 250 元　ISBN 978-986-175-442-0

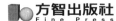